Kristina Falke & Jörg Ziemer

Der neue Hundeführerschein leicht gemacht

- Alle wichtigen Situationen
- So wird der Test zum Kinderspiel
- Theorie und Praxis erklärt

- Fit für beide Prüfungen

zsr VERLAG

Weitere Infos: www.der-neue-hundeführerschein.de

Impressum

Bibliografische Informationen der Deutschen Nationalbibliothek:
Die Deutsche Nationalbibliothek verzeichnet diese Publikation in der Deutschen Nationalbibliografie; detaillierte bibliografische Daten sind im Internet über http://dnb.d-nb.de abrufbar.

1. Auflage 2013
Herausgeber: zsr Verlag OHG, Oldenburg
Layout & Grafik: morbitzer media., Oldenburg
Druck: Chroma

Bildnachweis: siehe Anhang Seite 117

Printed in Poland

ISBN 978-3-9422-9511-6

Danksagung

Zuerst einmal vielen Dank an unsere Bande: Torben, Dietje, Antonia, Maximiliane und Paula!
Wir lieben Euch! ☺

Vielen Dank auch an unser super Team von Ziemer&Falke. Ihr haltet uns immer perfekt den Rücken frei und meistert mit uns viele tolle Aufgaben - danke dafür! Ebenso geht ein dickes Dankeschön an Maik und Eike vom zsr Verlag für die sehr unkomplizierte Zusammenarbeit.
Selbstverständlich auch vielen, vielen Dank an Richard, Hendrik und Birthe von DogCoaches.

Wir freuen uns auf weitere spannende Projekte in der Zukunft!

Inhaltsverzeichnis

Vorwort .... Seite 8

1. Generelles zum Hundeführerschein .... Seite 9

Hintergrund und Entstehung .... Seite 10
Die Idee des neuen Hundeführerscheins .... Seite 11
Für wen und von wem? .... Seite 14
Der grobe Ablauf der Prüfungen .... Seite 16

2. Wissenswertes, nicht nur für die Theorieprüfung .... Seite 19

Vor dem Hundekauf .... Seite 20
Woher der Hund (nicht) kommen sollte .... Seite 25
Die Lebensphasen des Welpen .... Seite 28
Die Pubertät .... Seite 37
So denken Hunde .... Seite 40
So lernen Hunde .... Seite 42
Konditionierung .... Seite 44
Verstärker und Strafen .... Seite 46
Die Körpersprache des Hundes lesen .... Seite 57
Häufige Probleme und ihre Ursachen .... Seite 67
Gesundheit .... Seite 72
Anatomien - die Sinnesorgane .... Seite 78
Die Rechtslage in Deutschland .... Seite 78

3. Praktisches: die Vorbereitungen für den Alltag und für die Prüfung .... Seite 85

Vorbereitung auf das Training .... Seite 86
Der Hundeknigge - die wichtigsten Übungen .... Seite 88
Sitz .... Seite 92
Sitz - überall im Alltag .... Seite 95
Platz .... Seite 97
Abrufen - Jetzt richtig! .... Seite 98
Das Verbotswort „Nein" bzw. „Aus" .... Seite 103
Leinenführigkeit .... Seite 105
Ablauf der praktischen Prüfung .... Seite 108

Anhang .... Seite 111

Beispiel-Prüfungsfragen .... Seite 112
Index .... Seite 118

Vorwort

Der Hundeführerschein – Warum ein Buch dazu?

Nun ist er da – nun ist er Pflicht!

Der Hundeführerschein ist unter Hundehaltern in aller Munde. Zum 01.07.2013 ist er in Niedersachsen für jeden Hundehalter zur Pflicht geworden. Für jeden? Nein, nur für diejenigen, die keine eingetragene Hundehaltung in den letzten zwei Jahren nachweisen können.

Und genau hier starten die vielen Fragezeichen in den Köpfen der Hundehalter – aber auch in denen der Nicht-Hundehalter. Und wir sind erst am Anfang des Geschehens! Genau aus diesem Grund wollen wir mit diesem Buch sowohl Hundehalter als auch Hundetrainer rund um das Thema „Hundeführerschein" unterstützen. Ihr bekommt von uns einen kompletten Ablauf und Überblick über alle wichtigen Themen und könnt dadurch stressfrei in die Prüfung gehen bzw. als Trainer auch stressfrei auf Prüfungen vorbereiten oder diese abnehmen.

Mittlerweile vergeht kein Tag, an dem wir nicht in unserer Hundeschule oder im Schulungszentrum für Hundetrainer ausführliche Auskünfte über den Hundeführerschein geben. Wir selbst arbeiten sozusagen „an der Front" und bieten euch - gestaltet aus den vielen Fragen - einen tollen Ratgeber, durch den ihr selbst lernen und trainieren könnt. Ergänzend dazu haben wir euch eine DVD produziert. Auch diese hält einen umfassenden Überblick über die Themen und den Ablauf des Hundeführerscheins für euch parat. Das Schöne ist, dass ihr als Trainer sowohl das Buch als auch die DVD in euren Vorbereitungskursen einsetzen könnt.

Über uns:

Wir – Kristina Falke und Jörg Ziemer – arbeiten seit vielen Jahren erfolgreich zusammen als Hundetrainer und betreiben das gemeinsame „Ziemer&Falke – Schulungszentrum für Hundetrainer". Obwohl – oder vielleicht auch weil – wir beide so verschieden sind, bilden wir eine prima Ergänzung zueinander!

Uns ist es wichtig, immer nach den neuesten wissenschaftlichen Erkenntnissen zu arbeiten, und somit sind auch regelmäßige Fortbildungen für uns und unser stetig wachsendes Team selbstverständlich.

Unser Ziel ist es, aus Mensch und Hund ein „Spitzenteam" zu machen. Dabei dogmatisieren wir nicht „DIE EINE" Art, mit einem Hund zu trainieren, sondern definieren gutes Hundetraining so:

1. Der Hund soll Spaß beim Training haben!
2. Der Mensch soll Spaß beim Training haben!
3. Das Training soll erfolgreich sein!

Die beiden Inhaber des Ausbildungszentrums für Hundetrainer – Kristina Falke u. Jörg Ziemer.

Wenn ihr Fragen zu unserem Training oder generell zu unserer Arbeit habt, freuen wir uns über eure Kontaktaufnahme auf www.ziemer-falke.de. Gerne haben wir ein offenes Ohr für euch!
Eure Tina und euer Jörg

Kapitel 1

Generelles zum Hundeführerschein

Kapitel 1 - Generelles zum Hundeführerschein

Hintergrund und Entstehung

Viele lieben sie, aber nicht jeder mag sie: Hunde! Und genau aus diesem Konflikt zwischen Hundehaltern und Nicht-Hundehaltern ist die Idee zum Hundeführerschein entstanden. Hundehalter sollen dabei ihre persönliche Sachkunde unter Beweis stellen.

Hundehalter und Nicht-Hundehalter treffen häufig aufeinander.

Die Eckdaten und wie alles begann...

Aber wie kam es nun dazu? Wer darf einen Hundeführerschein als Gesetz erlassen?!

Das Niedersächsische Ministerium für Ernährung, Landwirtschaft und Verbraucherschutz darf dieses und hat es auch getan. Der Niedersächsische Landtag hat 2011 das Gesetz novelliert und damit unter §3 NHundG den sogenannten „Hundeführerschein" ins Leben gerufen.

I Auszug aus dem Gesetz

In der theoretischen Sachkundeprüfung sind die erforderlichen Kenntnisse über
1. die Anforderungen an die Hundehaltung unter Berücksichtigung des Tierschutzrechts,
2. das Sozialverhalten von Hunden und rassespezifische Eigenschaften von Hunden,
3. das Erkennen und Beurteilen von Gefahrensituationen mit Hunden,
4. das Erziehen und Ausbilden von Hunden und
5. Rechtsvorschriften für den Umgang mit Hunden nachzuweisen

Im praktischen Teil muss der Hundehalter dann zeigen, dass er diese Dinge auch im realen Leben beherrscht.

Von 2011 bis zum 01.07.2013 gab es eine Übergangszeit. Während dieser Zeit stellte sich nun jedoch heraus, dass noch nicht klar genug definiert wurde, welcher Hundeführerschein von der Gemeinde oder dem Land anerkannt wurde. Die politische Seite hatte eine genaue Definition noch nicht bekannt gegeben und auf der anderen Seite hatten viele Hundeschulen (zertifizierte als auch nicht-zertifizierte) ihren eigenen Hundeführerschein entworfen bzw. schon seit Jahren einen eigenen, nach dem sie arbeiteten. Die Begrifflichkeit „Hundeführerschein" ist nicht geschützt. Bedeutet unterm Strich:

Es gab und gibt bereits in Niedersachsen mehr als 90 verschiedene Hundeführerscheine. Jeder davon wurde individuell nach eigenen Kriterien und eigenem Ermessen festgelegt – aber eine richtige Ordnung gab es nicht. Sprich, wir hätten auch einen Hundeführerschein nach

Ziemer & Falke ins Leben rufen können. Ob dieser in den unterschiedlichen Gemeinden anerkannt worden wäre, ist allerdings fraglich.

Zusammen mit anderen Institutionen wurde eine Arbeitsgemeinschaft zur Herausgabe des Niedersächsischen Hundeführerscheins gegründet und so wurde festgelegt, welcher Hundeführerschein nun von der Stadt und der Gemeinde anerkannt wird - nämlich einzig und allein der Hundeführerschein mit folgender Bezeichnung: „Sachkunde für Hundehalter nach dem Niedersächsischen Gesetz über das Halten von Hunden (NHundG §3)"

Mit diesem neuen Hundeführerschein sind wir jetzt auf der richtigen Spur, wenn es um die Frage geht, welcher Hundeführerschein abgelegt bzw. abgenommen werden soll.

! Hinweis

Wenn ihr mit Hundeschulen in Kontakt tretet, um den Hundeführerschein abnehmen zu lassen, fragt nach, ob es sich um die „Sachkunde für Hundehalter nach dem Niedersächsischen Gesetz über das Halten von Hunden (NHundG §3)" handelt.

Nach langer Ausarbeitung wurde der „Hundeführerschein" endlich verabschiedet.

Wenn eure Hundeschule diesen Test nicht abnehmen darf, könnt ihr euch auf der Seite des Landesministeriums die aktuelle Prüferliste herunterladen. Bitte nicht erschrecken! Die Listen sind zwar lang, aber nach Postleitzahlen sortiert. Den Link dorthin und weitere interessante Links findet ihr auf unserer Website:

http://www.der-neue-hundefuehrerschein.de/links/

Die Idee des neuen Hundeführerscheins

Der Hundeführerschein wurde mehrere Jahre lang von Experten entwickelt und durchdacht. Er wurde danach ausgerichtet, dass es nur um die Überprüfung der Sachkunde des Hundehalters geht. Der Hundeführerschein ist nicht vergleichbar mit einem Wesenstest, der absolviert wird, um das Wesen des Hundes zu überprüfen.

Hinweis

Aufgrund der reinen Überprüfung der Sachkunde des Hundehalters kann der Hundeführerschein auch mit einem fremden Hund absolviert werden. Es muss nicht zwingend der eigene Hund sein.

Warum benötigen wir überhaupt einen Hundeführerschein und welche Vorteile haben Hundehalter dadurch wirklich?

Diese Fragen stellen sich mitunter viele Hundehalter – und wenn sie nicht ausgesprochen werden, dann denken sie wahrscheinlich dennoch darüber nach.

Den eigenen Hund verstehen und lenken können – das soll sichergestellt werden.

Wie zu Anfang des Buches schon erwähnt, leben wir nun einmal zwangsläufig in einer Gesellschaft von Hundefreunden und Nicht-Hundehaltern und wir müssen tagtäglich Rücksicht aufeinander nehmen, um nicht andauernd in Konflikte zu geraten.

Das bedeutet, dass Hundehalter:

- respektvollen Umgang miteinander
- Verantwortung ihrem eigenen Hund gegenüber
- Verantwortung ihren Mitmenschen gegenüber

zeigen sollten. Und das immer, wenn sie sich mit ihren Hunden in der Öffentlichkeit oder aber auch zu Hause aufhalten.

Info

Zum verantwortungsbewussten Umgang mit eurem Hund gehört zum Beispiel auch, dass ihr ihn aus allen Situationen, d.h. auch im Spiel mit anderen Hunden, bei Ablenkung durch Kinder oder aus einem für den Hund stressigen Umfeld heraus, abrufen könnt. Überprüft euch selbst, ob das ohne Probleme möglich ist. Wenn nicht, ist das Abrufen einer der ersten und auch wichtigsten Punkte, die ihr eurem Hund vermitteln solltet. Eine kleine Übung dazu findet ihr in Kapitel 3.

Hundehalter sollten ihren Hund aus jeder Situation abrufen können.

Ein Hund ist kein Stofftier, sondern braucht tägliche Beschäftigung.

Letztlich geht es dabei um Präventionsschutz – und zwar für alle Beteiligten. Denn einmal Hand aufs Herz: Jeder Hundehalter kennt die üblichen Tücken des Alltags mit seinem Hund. Der Hund läuft frei, kann sich endlich austoben und springt, na klar, genau DEN einen Spaziergänger an, der eine weiße Hose trägt und keine Hunde mag...na super! Und jeder weiß auch, dass der Satz „Das hat der noch nie gemacht..." nicht wirklich überzeugend klingt. Innerlich würden die Meisten in einer solchen Situation am liebsten im Erdboden versinken. Dennoch verteidigen viele Hundehalter das Verhalten ihres Hundes - erst Recht, wenn sich die angesprungene Person auch noch (zu Recht) über den unerzogenen „Köter" beschwert. Es handelt sich schließlich um ein Familienmitglied.

Anhand dieses Beispiels wird klar, dass sich auf kommunikativer Ebene zwischen Hundefreund und Nicht-Hundefreund etwas ändern muss. Dafür soll der Hundeführerschein nun eine Lösung bieten.

Gleichzeitig erhält man durch:

- die Beschäftigung mit dem Thema Hund
- das Lernen für eine theoretische und praktische Prüfung

ein verbessertes und optimiertes Wissen rund um seinen Hund und somit einen besseren praktischen Umgang in seinem Alltag. Daraus resultiert gleichzeitig auch, dass der Umgang durch „vorausschauendes Handeln" seitens des Hundehalters sicherer wird. Zudem setzt der Hund einem auch noch eine Krone auf, die man sich durch gute „Führungsqualität" verdient hat.

! Hinweis

Lernt auch das Kapitel der Rechtsgrundlagen gründlich. Einmal gespeichert, hilft es im Umgang auch in der Kommunikation mit anderen Hundehaltern – sofern es zu Konflikten kommt. Übrigens wichtig für den Hundeführerschein beim Multiple-Choice-Test: Der Hundehalter ist dafür verantwortlich, den Hundekot zu entfernen, nicht die Stadt!

Hinzu kommt, dass ihr euch beim Hundeführerschein auch mit dem Thema Recht auseinandersetzen müsst. Wer informiert ist, kennt die Gesetzeslage und weiß, was im Umgang mit seinem Hund erlaubt ist und was nicht. Im Abschnitt über die Rechtsgrundlagen werden sicherlich viele Hundehalter überrascht sein, welche Gesetze tatsächlich in Kraft treten, „nur" weil man mal eben mit dem Hund um die Ecke zum Pinkeln gegangen ist.

Ziel des Hundeführerscheins ist es, dass sich die Beißvorfälle und somit auch die Negativ-Schlagzeilen reduzieren, egal ob unter Artgenossen oder gegenüber anderen Menschen (unterschiedlichen Alters) oder Tieren.

Wenn man sich jetzt die Zieldefinition ansieht, wird demnach auch klar, dass es gar nicht so verkehrt ist, den Schwerpunkt des Hundeführerscheins auf die Sachkunde des Hundehalters zu legen. Denn ihr seid letztlich für das Verhalten eures Hundes verantwortlich und müsst ihn lenken können – in guten wie in schlechten Zeiten.

Für wen und von wem?

Wer muss den Hundeführerschein absolvieren?

Auch Hundetrainer sollten zeigen, dass sie es können und ihre Sachkunde nachweisen.

Einfach wäre es gewesen, wenn dies jeder Hundehalter hätte tun müssen. Aus der Sicht von Hundetrainern weiß man, dass nicht jeder, der einen Hund hat – und es ist egal, wie lange man schon Hunde hat – auch wirklich gut und artgerecht mit ihm umgeht. Gleiches gilt auch für Hundetrainer. Durch ein noch nicht 100%ig strukturiertes Berufsbild eines modernen Hundetrainers gibt es eine große Spannbreite an eingesetzten Trainingstechniken. Um sicher zu gehen, dass jeder Hundehalter über die nötigen Kenntnisse verfügt, einen Hund artgerecht zu halten, ihn auszulasten und mit ihm sicher in der Öffentlichkeit umzugehen, wäre es sinnvoll, dass jeder Hundehalter – und damit meinen wir auch alle Hundetrainer – sich einer Prüfung unterziehen muss. Gleiches Recht für alle.

1. Der Hundeführerschein muss von Ersthundehaltern gemacht werden.
2. Hat der Hund mehrere Hundehalter, müssen alle diese Personen einen Hundeführerschein ablegen.

! Hinweis

Jeder Hundehalter sollte gewisse Regeln im Umgang mit anderen Hundehaltern und Nicht-Hundehaltern achten. So können alle gemeinsam etwas dafür tun, die unschönen Vorfälle zu reduzieren und den Medien die Schlagzeilen zu nehmen. Denn leider schreibt keiner über die vielen tollen Hundehalter und tollen Hunde, die in jeder Stadt herumlaufen. Dafür wird es Zeit! Bei ca. 6 Millionen Hunden in ganz Deutschland sollte dies doch kein Problem sein! Packt es an!

Aber was wären Regeln ohne Ausnahme. Befreit von der Regelung sind jedoch:

- Familienmitglieder, die nicht Hundehalter sind. Sie müssen den Hundeführerschein nicht machen. Hundehalter dagegen sind diejenigen, die für den Hund bezahlen und die Hauptverantwortung tragen.

- Menschen, die in den letzten zehn Jahren mindestens zwei Jahre am Stück einen Hund gehalten haben. Darunter fallen sozusagen die „Langzeithundehalter".
- Personengruppen, die Brauchbarkeitsprüfungen für Jagdhunde abnehmen.
- Halter von Dienst-, Behindertenbegleit- oder Blindenführhunden.
- Einrichtungen, die eine Erlaubnis nach § 11 Abs. 1 Satz 1 Nrn. 2 oder 2 b des Tierschutzgesetzes (TierSchG) zum Halten von Hunden in einem Tierheim oder einer ähnlichen Einrichtung für die dort gehaltenen Hunde besitzen .
- Tierärzte oder diejenigen, die auch übergangsweise nach §2 Abs. 2 der Bundestierärzteverordnung eine vorübergehende Berufsausübung erlangt haben.

Außerdem behält sich das Ministerium das Recht vor, dass die Durchführung des Hundeführerscheins bei qualifizierten Nachweisen auch entfallen kann. Derzeit ist jedoch noch keine Liste von Alternativprüfungen veröffentlicht worden, die zu einer Umgehung des Hundeführerscheins führen könnten.

Was bedeutet eigentlich „Hundehalter sein"?

Hundehalter ist diejenige Person, die

- aus eigenem Interesse für alle Kosten aufkommt, wie für Futter, Versicherung, Tierarzt, Steuern usw.
- Risiken bei Verlust des Hundes eingeht
- über das Wohl des Hundes bestimmt
- den Nutzen und Wert für sich in Anspruch nimmt

Kinder und Hund – das muss nicht immer gleich gefährlich sein, sollte aber besondere Aufmerksamkeit genießen!

Oft werden wir als Hundetrainer gefragt, wie es mit Minderjährigen aussieht, ob sie einen Hund halten dürfen. Gerade für Jugendliche ist dies eine spannende Frage, da sie nach dem Gesetz ab 16 Jahren Wirbeltiere halten dürfen, aber nach der neuen Regelung ja dann auch „Ersthundehalter" sind.

I Dürfen Kinder Hunde halten?

Es gibt in Deutschland ein Abgabeverbot von Wirbeltieren an Kinder und Jugendliche bis zum vollendeten 16. Lebensjahr!

Die Frage ist kritisch, denn Jugendliche müssten dann auch die finanzielle Unterhaltung des Hundes gewährleisten.

Wer darf die Hundeführerscheine abnehmen?

Bis jetzt wisst ihr schon einmal, wer den Hundeführerschein machen darf bzw. wer ihn nicht machen muss. Schaut euch nun die andere Seite an - nämlich die der Prüfer. Wer darf denn überhaupt Prüfungen abnehmen und welche Qualifikationen müssen die Prüfer vorweisen?

Anerkannte Prüfer werden vom Ministerium festgelegt und auf einer Liste veröffentlicht. Diese Liste kann sowohl im Internet als auch bei der zuständigen Behörde wie Ordnungsamt, Veterinäramt, Landkreis oder bei der Gemeinde eingesehen werden.

Um Prüfer zu werden, kann man sich als Hundetrainer behördlich zertifizieren lassen. Dazu sind bis zum heutigen Tag die Tierärztekammer Niedersachsen und Schleswig Holstein befugt. Wir wissen aber, dass weitere Tierärztekammern an einer Zertifizierung arbeiten. Die Zertifizierung ist bundeseinheitlich gültig. Weiterhin sind Personen qualifiziert Hundeführerscheine abzunehmen, wenn sie etwa Leistungsrichter beim VDH sind, Hundeerzieher und Verhaltensberater nach der IHK/BHV oder Prüfer der BHV- oder der VDH-Hundeführerscheine sind. Gleiches gilt für Tierärzte mit folgenden Zusatzqualifikationen:

- Fachtierärzte für Tierverhalten
- Fachtierärzte für Tierschutzkunde
- Fachtierärzte mit Zusatzbezeichnung „Verhaltenstherapie"
- Tierärzte, die den D.O.Q.-Test abnehmen dürfen

Dennoch muss die zuständige Behörde vorher die Tätigkeit als Prüfer anerkennen.

Für Hundeschulen oder Hundetrainer, die keine Prüfungen abnehmen dürfen, bedeutet dies aber nicht, dass sie zum Thema Hundeführerschein nichts anbieten dürfen. Vorbereitungskurse können problemlos sowohl in Praxis als auch in Theorie durchgeführt werden. Für die Prüfung kann ein Prüfer „gebucht" werden, der dann für die Hundeschule die Theorie- als auch die Praxis-Prüfung abnimmt.

Der grobe Ablauf der Prüfungen

Wie läuft die Hundeführerschein-Prüfung ab? – Wonach gucken die Prüfer?

Für die Prüflinge ist es ein mulmiges Gefühl, denn so oft macht man einen Hundeführerschein auch nicht und Prüfungen sind so oder so für viele eine Ausnahmesituation.

Hundehaltung ist eine Frage von Wissen für Hund und Mensch.

Sobald ihr zur oben genannten Gruppe gehört und den Hundeführerschein absolvieren müsst, empfehlen wir, dass ihr euch zu Beginn überlegt, ob ihr fit genug für die Prüfung seid oder ihr euch selbst besser vorbereiten möchtet. Dies kann durch verschiedene Medien geschehen:

- Bücher, die explizit auf den niedersächsischen Hundeführerschein vorbereiten.
- Fachbücher, die allgemein Hundeverhalten beschreiben – diese sollten jedoch nach den neuesten wissenschaftlichen Erkenntnissen ausgelegt sein.
- Vorbereitungskurse - diese sind keine Pflicht für Hundehalter. Dennoch sollte darauf geachtet werden, dass der Hundeführerschein bestmöglich bestanden werden kann. Ein Vorbereitungskurs kann eine sehr gute Unterstützung sein!

- DVD-Material, wie die DVD „Der neue Hundeführerschein – leicht gemacht" zu diesem Buch.
- Einzeltraining mit einem guten Hundetrainer. Die Vorbereitung darf jeder Hundetrainer machen, die Prüfungsabnahme nur behördlich zertifizierte Hundetrainer.

I Aus dem Nähkästchen geplaudert

Herr Lüdecke ist Rentner und Ersthundebesitzer. Da er zuvor in seinem Leben keine Zeit für einen Hund gehabt hat, kam er dazu, sich seinen ersten Hund mit 65 Jahren anzuschaffen. Zuvor hat er sich jedoch nie mit Hunden auseinandergesetzt. Sein bester Freund Ewald Häcker unterstützte ihn dann gerne und hat Herrn Lüdecke mit in den Hundeverein genommen, den er seit 35 Jahren regelmäßig zweimal in der Woche besucht. Dort wollte sich Herr Lüdecke auch auf den Hundeführerschein vorbereiten und dann bei uns die Prüfung machen. Leider arbeitete der Verein alles andere als nach den neuesten Methoden, sondern mehr nach straforientierten Mustern. Dementsprechend fiel Her Lüdecke durch den theoretischen Teil der Prüfung. Zusammen mit ihm gingen wir dann die Fehler der Prüfung durch und stellten schnell fest, dass es nicht an mangelndem Interesse seinerseits lag, sondern tatsächlich eher daran, dass er geglaubt hatte das Richtige zu tun. Er hat seinem besten Freund vertraut, der seit Jahren glücklich in dem Verein trainierte. Dennoch mussten wir darüber aufklären, dass Teletakt und Elektrohalsbänder in der Anwendung in Deutschland nach dem Tierschutzgesetz verboten sind! Übrigens: Herr Lüdecke hat sehr gut trainiert und sechs Monate später hat er die theoretische und praktische Prüfung hervorragend bestanden! Eine tolle Leistung!

Solltet Ihr professionelle Hilfe in Anspruch nehmen, ist es unbedingt ratsam, die Qualifikation des jeweiligen Hundetrainers zu hinterfragen. Gerade in den letzten fünf Jahren hat sich qualitativ eine Menge verändert und die Standards in den Hundeschulen wurden verbessert. Wenn ein Hundetrainer keine behördliche Zertifizierung zur Abnahme des Hundeführerscheines erhalten hat, ist das lange noch kein Indiz dafür, dass er ein schlechter Trainer ist oder nicht nach den neuesten wissenschaftlichen Erkenntnissen arbeitet! Das möchten wir an dieser Stelle noch einmal deutlich hervorheben.

Sobald ihr euch fit für die Prüfung fühlt, heißt es meist nur noch anmelden und los. Dabei gibt es verschiedene Möglichkeiten:

- Die Prüfung kann computergestützt abgenommen werden. Je nach Beschaffenheit hat ein Prüfer dann einen oder mehrere Computer zur Verfügung, auf denen das Programm mit dem MC-Test eingespielt worden ist.
- Ebenso gängig ist es, dass der Prüfer die Hundeführerscheinunterlagen ausdruckt, um diese dann dem Prüfling in Papierform zur Bearbeitung auszuhändigen.
- Entweder werden die Termine für den MC-Test festgesetzt, so dass sich mehrere Teilnehmer zur Prüfung anmelden können, oder
- man kann individuelle Termine mit dem Prüfer absprechen.

Alle Auflistungspunkte sind Varianten und keine Pflicht. Der Prüfer entscheidet letztlich über den Ablauf. Kommt es dann zum großen Tag, solltet ihr euch genug Zeit einplanen, damit ihr pünktlich seid und nicht auf den letzten Drücker zur Prüfung erscheint. Andernfalls könnte das eine Menge Stress für euch und euren Hund bedeuten.

Zu Beginn bekommt ihr die Prüfungsordnung vorgelesen bzw. selbst zum Nachlesen. Diese bestätigt ihr mit eurer Unterschrift.

Inhaltlich steht in dieser Ordnung unter anderem:

- Zweck der Prüfung ist der Nachweis der theoretischen Sachkunde des Hundehalters nach §3 Abs. 1 und 2 NHundG.
- Die theoretische Prüfung ist vor Aufnahme des Hundes erfolgreich zu absolvieren – dies ist eher für die Zukunft gedacht, denn natürlich hatten die meisten Hundehalter ihre Hunde schon zum Zeitpunkt der Einführung des Hundeführerscheins.
- Pflicht ist, dass der Prüfer anerkannt ist nach §3 Abs. 3 NHundG.
- Die Durchführung darf nur durch den Prüfer selbst – und nicht etwa durch einen Praktikanten – stattfinden.
- 5 Themengebiete (s. Kapitel 2) sind abzufragen.
- Der Test besteht aus Multiple-Choice-Fragen.
- Jede Prüfung beinhaltet 35 Fragen (7 je Themenbereich) mit jeweils vier Antwortmöglichkeiten, von denen aber immer nur eine richtig ist.
- Der Prüfling hat 45 Min. Zeit zur Beantwortung der Fragen. Keine Sorge: Die Zeit ist großzügig bemessen – ihr werdet gut damit zurechtkommen.
- Bei Täuschungsversuchen gilt die Prüfung als nicht bestanden.
- Die Auswertung der Prüfung wird durch das Niedersächsische Ministerium für Ernährung, Landwirtschaft und Verbraucherschutz gewährleistet. Dieses stellt zudem auch eine Auswertungsstelle für die Tests.
- Bei der computergestützten Variante wird sofort das Ergebnis bekannt gegeben – bei der Papierform durch Einschicken etwas zeitverzögert, doch meist binnen max. 2 Tagen!
- Es gibt 7 Themenbereiche. Die Prüfung gilt als bestanden, wenn mindestens 4 Fragen je Themenbereich und damit mindestens 26 Fragen richtig beantwortet sind.
- Der Prüfling hat ein Recht auf Besprechung der Prüfung. Die Kosten dafür sind vom Prüfling zu tragen.
- Der Prüfling kann bei Nichtbestehen eine formlose Bescheinigung erhalten. Natürlich kann die Prüfung so oft wie gewünscht wiederholt werden. Die Gebühren sind dann erneut zu leisten.
- Die Prüfung selbst wird beim Prüfer bezahlt. Auch bei Nichtbestehen muss der Prüfling die Prüfung bezahlen.

Der Prüfer lässt sich zur Identifikation noch euren Personalausweis zeigen und dann kann es endlich losgehen.

Ist die Prüfung anschließend bestanden, gibt es den Nachweis über die bestandene Prüfung bereits direkt vom Prüfer nur in der Online-Version. Bei der handschriftlichen Version erhält man das Ergebnis per Briefpost.

Nachdem wir jetzt beim Theorieteil den Ablauf davor und danach beschrieben haben, wird es aber nun Zeit, dass wir uns damit beschäftigen, worauf es während des Tests ankommt – dazu gibt euch Kapitel 2 eine große Hilfestellung!

Kapitel 2

Wissenswertes, nicht nur für die Theorieprüfung!

Kapitel 2 - Wissenswertes, nicht nur für die Theorieprüfung!

Vor dem Hundekauf

Kaum etwas ist aufregender, als Hunde-„Nachwuchs" zu bekommen.

Jeder erinnert sich gerne daran zurück. Damit aber auch alles schön bleibt, gibt es ein paar Punkte, die ein (angehender) Hundehalter wissen sollte.

Rassehund oder Mischling?

Sich vorher mit der gewünschten Rasse auseinandersetzen, erspart später den Frust.

Oft haben angehende Hundehalter ganz spezielle Vorstellungen zum Aussehen des Hundes oder welche Charaktereigenschaften er haben sollte. Danach richtet sich meistens die Auswahl – oder aber auch das entsprechende Ausschlussverfahren. Interessiert ihr euch für gewisse Rassen, solltet ihr auch deren Eigenschaften und Eigenarten kennen. Diese bestimmen nämlich anschließend eure Hund-Mensch-Beziehung! Jagdhunde benötigen aufgrund ihres stärker ausgeprägten Jagdverhaltens eine andere Art der Auslastung als beispielsweise ein Schweizer Sennenhund. Somit sollten Jagdhunde entweder tatsächlich „jagdlich" geführt werden oder eine adäquate Alternative bekommen (zum Beispiel durch Mantrailing oder Schnüffelkurse). Kann man diese dem Hund nicht bieten, wird ein Jagdhund sich sein eigenes Hobby suchen und meistens nicht nach einer Erlaubnis fragen. Von beschädigten Wohnungen bis zu unkontrolliertem Verhalten an der Leine ist alles möglich.

> **Hinweis**
>
> Wer sich unsicher ist, welche Rasse am ehesten zum eigenen Lebensalltag passt, holt sich idealerweise Unterstützung bei einem guten Hundetrainer. Der kennt häufig auch vertrauenswürdige Züchter oder Anlaufstellen in der Region.

Bei einem Bernhardiner sollte man sich darauf einstellen, dass er Wert auf sein Zuhause legt und sein Territorium auch verteidigt – stärker als dies eventuell ein Pudel tun würde.

Mischlinge werden gerne als „Wundertüten" bezeichnet, denn man weiß nie, welche Rasseeigenschaften der Elterntiere sich durchsetzen werden. Alle Hunde können sich untereinander verpaaren, so dass es zu spannenden Mischungen kommen kann. Von Mischlingen spricht man, wenn sich sowohl Rassehunde verschiedener Rassen als auch Mischlinge mit Rassehunden verpaaren. Verboten ist dies nicht und Papiere sind dazu auch nicht nötig. Schließlich gehören Hunde untereinander der gleichen Art an. Alle Hunde stammen vom Wolf ab - auch wenn zwischen der kleinsten und der größten Hunderasse knapp 1m Größenunterschied liegt.

I Die Qual der Wahl

Welche Rasse passt zu mir?

Ob Rassehund oder Mischling sollte keine Rolle bei der Auswahl spielen. Der Hund sollte aufgrund seines Wesens zur Person, zur Familie und zum Umfeld passen. Die unterschiedlichen Charakterzüge aller Hunde sind Selektionen aus der Zuchtauswahl. Der Mensch hat die Stärken verschiedener Rassen durch Zucht und Selektion gefördert. Daher sehen alle Hunde unterschiedlich aus und haben verschiedene Charaktere. Der Urahn ist dennoch bei allen gleich: der Wolf!

Ein Hundekauf bedeutet „emotional einkaufen gehen"!

Die richtige Rasse für sich finden und nicht zu emotional handeln – gar nicht so einfach!

Oft entscheidet beim Hundekauf der Bauch oder das Herz und nicht der Verstand – das ist der Grund, warum es noch viel zu viele Massenzüchtungen gibt. Um diese nicht zu unterstützen, ist es zwingend notwendig, sich gedanklich damit auseinanderzusetzen, dass bei Massenzüchtungen sowohl die Sozialisation als auch Habituation der Welpen in nicht ausreichendem Umfang erfolgen. Zu diesen beiden wichtigen Lebensphasen bekommt ihr etwas später die nötigen Infos. Die wichtigste Voraussetzung ist, damit es dem Hund auch sein Leben lang bei euch gut geht, dass er in euer Leben hineinpasst und nicht umgekehrt!

I Werden Papiere benötigt?

Papiere sind für den Erwerb des Hundes nicht zwingend nötig, es sei denn, man möchte unter Vereinsbedingungen züchten. Die Papiere des Hundes dokumentieren lediglich seine Abstammung, sprich seine Ahnen. Papiere sind jedoch kein Gesundheitszeugnis!

Eine Absprache mit der ganzen Familie ist unumgänglich. Ihr solltet euch besprechen, wer wirklich einen Hund haben möchte und wer sich mit in die Arbeit integrieren möchte. Zu verteilende Aufgaben sind:

- Tägliche Fütterung
- Tägliche Versorgung mit frischem Wasser
- Tägliche Spaziergänge, die dem Auslastungsverhalten des jeweiligen Hundes gerecht werden
- Tägliche Fellpflege
- Tägliche, zusätzliche Auslastung in geistiger und körperlicher Form

Besprochen werden sollte auch, wer im Falle von Krankheit oder „Ich-habe-keine-Lust-Phasen“ einspringt, denn darunter darf der Hund keinesfalls leiden.

Das klingt jetzt vielleicht für den einen oder anderen etwas hart. Gerade wenn man schon einen süßen Hund im Visier hat, aber eigentlich insgeheim schon weiß, dass der jetzige Zeitpunkt nicht der optimalste ist und es sich nur mit Kompromissen umsetzen lassen würde.

Dennoch bedeutet Hundehalter zu sein:

- Die Verantwortung für seinen Hund sein Leben lang zu übernehmen.
- Ihn artgerecht zu halten und auszulasten.
- Finanziell für ihn aufzukommen.

Damit ihr die richtige Wahl eures Hundes, ob Mischling oder Rassehund, treffen könnt, solltet Ihr euch nun mit eurem eigenen Lebensrhythmus beschäftigen. Wie viel eurer Zeit könnt ihr im Alltag für euren Hund freimachen – und reicht das wirklich für einen Hund? Könnt ihr den Hund mit ins Büro nehmen? Könnt ihr euch in den ersten Jahren so auf euren neuen Begleiter einstellen, dass ihr ihn dadurch fit für den Alltag und die Öffentlichkeit bekommt?

In Bezug auf die Rasse solltet ihr euch zur Unterstützung zuvor einige Fragen ehrlich beantworten:

- Wollt ihr einen sportlichen Hund, der täglich mehrere Stunden Power braucht?
- Wollt ihr einen stillen Begleiter, der euch auch den einen oder anderen Tag verzeiht, an dem er zurückstecken muss?
- Wollt ihr mehr Zeit für die Fellpflege eines langhaarigen Hundes aufbringen oder lieber weniger Zeit in ein kurzes Fell investieren?

I Die Bedürfnisse einer Rasse erkennen

Ihr müsst sowohl den körperlichen als auch den geistigen (kognitiven) Bedürfnissen des Hundes gerecht werden! Das bedeutet im Klartext: Jeder Hund hat ein unterschiedliches Anforderungsprofil und das muss kompatibel zu eurem Lebensstil sein. Hier kann euch ein guter Hundetrainer wertvolle Tipps mit auf den Weg geben.

Wollt ihr einen Welpen, einen Junghund, einen Erwachsenen oder einen Senior?

Auf der einen Seite lassen sich Welpen natürlich von Grund auf erziehen, auf der anderen Seite können sich bei der Erziehung auch viele Fehler einschleichen, wenn man es nicht von vorneherein richtig angeht. Der eigene Welpe lässt sich letztendlich immer noch am besten „selbst versauen“!

Was darf es sein? Junior oder Senior?

Bei Hunden, die man erst im Erwachsenenalter bekommt, lässt sich wirklich schwer einschätzen, welche guten oder aber auch schlechten Erfahrungen diese bereits mit anderen Artgenossen oder Kindern gesammelt haben. Was wiederum als Argument für einen Welpen spricht, da man hier während der sozial sensiblen Phase weitestgehend auf die Erfahrungen einwirken und diese gezielt lenken kann. Dazu im Folgenden mehr.

Bis ein Hund endlich erwachsen ist, vergehen gut drei Jahre! Unser Lieblingskommentar dazu ist: „Im ersten Jahr wachsen sie in die Höhe, im zweiten Jahr in die Breite und im dritten Jahr in den Kopf" – Ungefähr im dritten Jahr erreichen Hunde ihre soziale Reife. Aber auch das kann, je nach Gemüt, unterschiedlich verlaufen. Ein Neufundländer braucht zum Beispiel in seiner Entwicklung länger als ein Jack Russell-Terrier. Im Kapitelabschnitt „Welpen" erzählen wir euch mehr davon und es wird auch schnell klar, dass die ersten Jahre nicht auf die leichte Schulter genommen werden dürfen – diese aber dennoch viel Spaß machen. Entscheidet ihr euch für einen Welpen, sollte dieser bei der Übernahme vom Züchter entwurmt und geimpft worden sein.

Bei einem Senior solltet ihr euch vorher genau überlegen, dass er euch eventuell nicht ganz so lange begleiten wird. Eine nicht zu unterschätzende Überlegung. Zudem sind Ernährung und Pflege auf seine Bedürfnisse anzupassen und auch höhere Tierarztkosten müssen berücksichtigt werden.

Fakt ist: Jede Altersgruppe, jeder Charakter, jedes Aussehen hat Vor- und Nachteile. Dennoch sollten diese abgewogen werden, je nachdem, was ihr selbst für einen Lebenswandel habt.

I Aus dem Nähkästchen geplaudert

Wir selbst haben drei Hunde. Alle sind auf ihre Art und Weise unterschiedlich. Wir haben unsere Hunde danach ausgesucht, dass Sie unseren sehr flexiblen Alltag stressfrei mitgestalten können. Denn mal kommen sie überall mit hin, mal gehen sie mit auf Seminarreise und wieder ein anderes Mal bleiben sie Zuhause. Für uns waren das sehr wichtige Auswahlkriterien. Macht für euch am besten auch eine Prioritätenliste! Was ist euch wichtig?

Rüde, Hündin oder „Rüdin"?

Wer passt besser zu mir? Rüde oder Hündin?

Gar nicht so einfach zu entscheiden, was besser zu einem passt – ein Rüde oder eine Hündin? Glaubt man nun der Gerüchteküche, würde es heißen: Rüden sind aggressionsbereiter, raufen sich häufiger, müssen länger Gassi gehen, weil sie überall markieren wollen oder wenn sie eine läufige Hündin wahrnehmen (teilweise bis zu 4km) sind sie „Out-of-Order". Hündinnen dagegen werden zweimal im Jahr läufig, bluten dabei den Teppich voll, locken damit andere Rüden an und neigen zu Gebärmutterentzündungen. Wenn Hündinnen untereinander Streit haben, sind sie eher bereit, sich sehr stark zu verletzen. An allen Gerüchten ist etwas Wahres dran, jedoch kann nicht immer verallgemeinert werden.

Ebenso ist es nicht ganz richtig, dass sich durch die Kastration bei den sogenannten „Rüdinnen" alle vorherigen Probleme von selbst erledigen. Puh! Welche Entscheidung ist für euch als Hundehalter nun die Richtige?

Tipp Nr. 1: Diese oben genannten Beispiele ignorieren und den Hund der Wahl selbst individuell einschätzen – gerne auch mit Hilfe eines Fachmanns! Denn die typischen geschlechtsspezifischen Gerüchte müssen ganz individuell betrachtet werden.

Hündinnen werden läufig und locken dadurch Rüden an - für den Halter nicht immer einfach!

Dennoch müsst ihr euch auf einige Sachen zumindest gefasst machen:

- Hündinnen werden zweimal im Jahr läufig und ggf. auch scheinträchtig (beides sind physiologische Zustände).
- Hündinnen können während der Trächtigkeit (Dauer: ca. 63 Tage), Läufigkeit (ca. 3 Wochen) und Scheinträchtigkeit aggressiver sein als sonst.
- Läufige Hündinnen sollten nicht ohne Leine auf Spaziergängen laufen.
- Kastriert man Hündinnen, kann ca. ein halbes Jahr nach der Kastration eine erhöhte Aggressionsbereitschaft zu erkennen sein.
- Rüden lernen zu lieben und zu leiden. Haben sie eine läufige Hündin in der Nase, sind sie häufig auf und davon – nicht immer, aber ihr solltet speziell in den ersten Jahren ein gutes Auge auf eure Rüden halten. Rüden können mögliche Fortpflanzungspartnerinnen über mehrere Kilometer riechen und verfolgen.
- Auch könnt ihr euch bei einem „Läufige-Hündin-Alarm" auf Wolfsgejaule in der Nacht und Futterverweigerung –teilweise über mehrere Tage- einstellen.
- Der Rückruf sollte – gerade dann – funktionieren, wenn eine läufige Hündin vor Ort ist.
- Testosteron ist bei Hunden u.a. für Aggressionen zuständig. Da Rüden davon im Gesamtbild mehr aufweisen als Hündinnen, weisen diese zumeist auch eine höhere Aggressionsbereitschaft auf. Nach einer Kastration kann diese jedoch gesenkt werden, sofern die Aggressionsbereitschaft den erhöhten Testosteronspiegel als Ursache hatte.
- Rüden markieren mehr als Hündinnen und das ist vielen Hundehaltern unangenehm.

I Info

Wann spricht man eigentlich von einer Kastration?
Bei einer Hündin werden bei einer Kastration die Eierstöcke, die Eileiter und die Gebärmutter entfernt. Beim Rüden werden analog die Hoden entnommen. Der Eingriff einer Sterilisation ist bei Hündinnen auch möglich. Dabei werden nur die Eileiter/Samenleiter durchtrennt.

I Info

Den Geschlechtsakt im Vorfeld vermeiden!
Hunde beim „Deck-Akt" dürfen auf keinen Fall auseinandergezogen werden! Die Verletzungsgefahr, sowohl psychisch als auch körperlich, ist zu groß! Sollte es trotzdem einmal vorgekommen sein, ist der Gang zum Tierarzt dringend erforderlich.

Was viele Hundehalter nicht wissen – Hunde beim Geschlechtsakt zu trennen, kann ein schweres Trauma auslösen!

Woher der Hund (nicht) kommen sollte...

Wo bekomme ich nun einen guten Hund her?

Wenn ihr euch für einen Welpen entscheidet, sucht euch auf jeden Fall einen Züchter, der euch auch gut berät. Dieser sollte verantwortungsbewusst sein, die Welpen bereits auf einige Außenreize wie andere Menschen, Kinder, Straßenverkehr in Maßen vorbereitet haben und sich über viele eurer Fragen und Besuche eurerseits freuen.

I Kurz & Knackig

Worauf müsst ihr achten?
Seid ehrlich zu euch selbst! Habt ihr nicht genügend Zeit für den Hund in eurem Alltag, verschiebt die Anschaffung des Hundes auf einen Zeitpunkt, an dem ihr das gewährleisten und dem Hund in der neuen Umgebung ein Stück weit Sicherheit vermitteln könnt!

Die Mutterhündin solltet ihr auf jeden Fall anschauen dürfen bzw. sie sollte bei den Welpen sein! Andernfalls ist vom diesem Züchter direkt abzuraten. Ebenso, wenn die Welpen Angst vor dem Züchter selbst oder auch vor euch haben. Machen Welpen einen verschreckten Eindruck, ist in jedem Fall Vorsicht geboten.

! Hinweis

Bei der Wahl des richtigen Züchters ist es wichtig, dass ihr das Umfeld, in dem die Mutterhündin lebt, genau unter die Lupe nehmt.
Hat sie sehr viel Stress, ist zu überlegen, ob dies eventuell negative Einwirkungen auf den Welpen haben könnte.

I Achtung! Massenware Hund

Finger weg von Massenzüchtern oder Importen aus dem Ausland, die privat an Autobahnraststätten übergeben werden!
In den meisten Fällen leiden diese Welpen/Hunde unter Deprivationsschäden – das bedeutet, sie leiden unter einem Erfahrungsentzug, den sie bereits in Situationen bekommen, wenn sie zum Beispiel zu früh der Mutter entzogen wurden. Diese Hunde zeigen im Laufe der nächsten Monate und Jahre ein auffälliges Verhalten – meistens in defensiver Unsicherheit oder in erhöhter Aggressionsbereitschaft. Vorsicht ist geboten, wenn der Hund euch oder dem Züchter ausweicht, dabei spielt es keine Rolle, ob vor eurem gesamten Körper oder „nur" vor der Hand.

Beobachtet auch das äußere Umfeld. Die Welpen sollten im familiären Umfeld aufwachsen und Familienanschluss haben. Auch das Tierheim oder entsprechende Tierschutzorganisationen bieten eine gute Anlaufstelle für viele tolle Hunde, die ein neues Zuhause suchen. Dabei solltet ihr auf eine gute Beratung durch das Tierheim-Team achten, denn die Mitarbeiter sind die Einzigen, die euch gut und richtig beraten können. Bemerkt ihr, dass bei euch zu viele Fragezeichen bei der Vermittlung aufkommen und Situationen unklar sind, sprich: wenn ihr kein gutes Bauchgefühl habt oder die Angaben zum Hund nicht stimmig sind oder sich widersprechen, dann solltet ihr jedoch vorsichtig sein.

Hunde aus dem Tierheim brauchen häufig besonders viel Aufmerksamkeit!

Sogenannte „Wühltischwelpen" werden leider immer noch gekauft – mit schwerwiegenden Folgen für Hund und Hundehalter!

Info

Bei Hunden aus dem Tierheim langsam vorgehen! Testet den Hund aus dem Tierheim bei gemeinsamen Spaziergängen. Seid jedoch bitte vorsichtig bei den Ausflügen. Je weniger ihr den Hund kennt und je weniger etwas über seine Vorgeschichte bekannt ist, desto wichtiger ist ein verantwortungsvoller Umgang in der Öffentlichkeit. Der Hund sollte an der Leine geführt werden und immer nur schrittweise und stressfrei seine Umwelt „erkunden". Die gleiche Vorgehensweise solltet ihr auch beherzigen, wenn ein Hund bereits schlechte Erfahrung mit anderen Hunden gemacht hat. Das Training sollte dann ebenfalls von einem zertifizierten Hundetrainer begleitet werden.

Info

Wenn Hunde streiten, schützt euch selbst! Kommt es zu einer Beißerei, ist das oft schwer und emotional für alle Beteiligten! Dennoch solltet ihr nicht kopflos handeln. Ein „Dazwischengehen" bringt meist mehr Verletzungen für Hund und Mensch mit sich, als es sonst passieren würde. Der Schutz von euch und vor allem von Kindern geht in jedem Fall vor.

Streit unter Hunden kann vorkommen – die Sicherheit der Hundehalter geht in jedem Fall vor.

Kurz & Knackig

Bei der Auswahl des richtigen Hundes solltet ihr euch Zeit lassen – es bringt nichts, einen Hund schnell mitzunehmen, nur damit man einen hat. Auch ein gutes Tierheim zeichnet sich dadurch aus, dass es euch angehende Hundehalter auf Herz und Nieren prüft. Für den Hund wäre eine Rückgabe ins Tierheim wieder ein zusätzliches Trauma. Absolutes „No-go" bei der Züchterauswahl: Ihr seht, dass es sich um eine Massenproduktion handelt und der Züchter mehrere Würfe von unterschiedlichen Rassen hat. Eine Überforderung der Welpen wäre vorhersehbar. Dies kann gewaltige Schäden in der Entwicklung der Welpen hervorrufen. Bietet euch der Züchter einen Hausservice an und möchte euch den Welpen direkt nach Hause „liefern", ohne dass ihr die Welpen inkl. Mutterhündin bei ihm gesehen habt, lasst die Finger davon! Es kommt nicht darauf an, ob ein Hund Papiere hat oder nicht, vielmehr sollte sich die Auswahl des richtigen Hundes auf das Wesen und seine Gesundheit richten. Angstfreie Welpen, die mutig ihre Umwelt erkunden, sind Welpen, die für euch in Frage kommen sollten! Ein Hund sollte bei der Übernahme in euren Haushalt bereits geimpft und entwurmt sein.

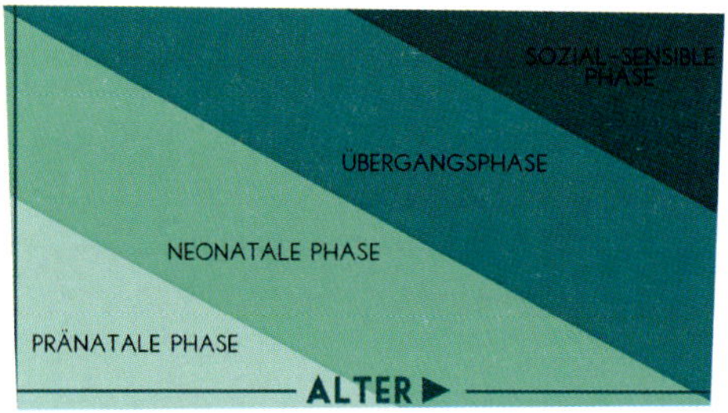

Jede einzelne Lebensphase hat bestimmte Einflüsse auf die Entwicklung des Hundes

Die Lebensphasen des Welpen

Es ist wichtig zu wissen, wie ein frisch geborener Welpe in welcher Phase auf Einflüsse von außen reagiert. Deshalb beschreiben wir im Folgenden die einzelnen Lebensphasen des Welpen. Die erste spannende Phase heißt:

Die pränatale Phase

Hier befindet sich der Hund noch im Mutterleib. Dennoch bekommen die Welpen bereits Stimmung, Anspannung und Entspannung der Mutterhündin mit. Ist die Mutterhündin während der Schwangerschaft stark gestresst, erlangen auch Welpen im Mutterleib emotionalen Stress. Dies ist nach der Geburt sogar durch einen höheren Cortisolspiegel messbar, obwohl sich das Verhalten noch nicht dauerhaft manifestiert hat.

I Info

Mehrere Hunde bedeuten auch mehr Arbeit!
Mehr Hunde = mehr Spaß?! Mehrhundehaltung ist toll, sofern es funktioniert. Wir empfehlen euch erst einen zweiten Hund anzuschaffen, wenn der erste Hund bereits die wichtigsten Erziehungs-Basics gelernt hat und sich routiniert in euren Alltag eingegliedert hat. Auch entstehen bei mehreren Hunden natürlich auch höhere Kosten, wie etwa Tierarztkosten, Hundesteuer, Versicherung, Futter usw. Ein klarer Vorteil der Mehrhundehaltung liegt aber auf der Hand: Die Hunde haben einen Sozialpartner, der sie tagtäglich begleitet – sofern sie sich mögen.

Die neonatale Phase

Bei der Geburt eines Welpen sind seine Augen und Ohren noch nicht funktionsfähig.

Das ist die Phase, die unmittelbar nach der Geburt beginnt. Sie dauert ca. 14 Tage. Hunde kommen blind und taub auf die Welt. Sie können noch nicht laufen, sondern sind „Kontaktschmuser". Sie orientieren sich über den Geruch (jedoch nur über kurze Distanzen) und das sogenannte Suchpendeln, um die Zitze der Mutterhündin zu suchen.

I Aus dem Nähkästchen geplaudert

Frau Mittelmann besuchte uns in der Praxis mit ihrer Cocker-Spaniel-Hündin „Mila".
Mila war eine hübsche, zweijährige Hündin. Milas Problem war es, dass sie schon immer, aber in letzter Zeit vermehrt, ein verstärktes Aggressionspotenzial gegenüber anderen Hunden und anderen Menschen zeigte. Schlechte Erfahrungen hatte sie jedoch nicht gemacht und auch Frau Mittelmann hatte im Bereich Hundeerziehung ein gut fundiertes Fachwissen.
Nach unserer Befragung, wie die Trächtigkeit und die Geburt verliefen, erzählte sie, dass Mila die einzige Hündin im Wurf von 9 weiteren Rüden war. Es ist tatsächlich bewiesen, dass eine Maskulinisierung stattfindet. Ca. 63 Tage dauert die Trächtigkeit und in der Zeit nahm die Hündin auch die Testosteronwerte ihrer Wurfgeschwister mit auf und zeigt damit auf physiologischem Weg ein gesteigertes Aggressionsverhalten. Wir konnten Frau Mittelmann beim Training unterstützen und ihr noch einige Tipps geben, dennoch war es wichtig, dass sie um die Ursache Bescheid wusste, da sie an den Grundzügen wenig ändern konnte – der Hund jedoch dennoch nicht als verhaltensauffällig eingestuft werden musste. Allein durch dieses Wissen ging es ihr schon besser.

Zu diesem Zeitpunkt können Welpen auch noch nicht alleine Kot und Urin absetzen. Die Mutterhündin unterstützt dabei, indem sie dem auf dem Rücken liegenden Welpen den Bauch leckt und dadurch die Darmperistaltik anregt. Das Verhalten des Welpen, auf dem Rücken zu liegen, ist übrigens an dieser Stelle schon das, was sich immer weiter ausprägt und später in der Kommunikation mit anderen Hunden als passive Unterwerfung gezeigt wird – aber dazu später mehr.

Lange Zeit wurde darüber gestritten, ob das Verhalten von Hunden angeboren oder erlernt ist. Die richtige Antwort lautet: Beides! Das lässt sich anhand eines Beispiels ganz gut erklären: Jeder Hund, der auf die Welt kommt, kann knurren. Er versteht jedoch noch nicht, was das Knurren eines anderen Hundes für ihn bedeutet und er weiß noch nicht, in welchen Situationen er wie „stark" knurren sollte, um seine Ziele zu erreichen. Im Laufe seines Lebens (speziell in den ersten Lebenswochen) muss er das Knurrverhalten selbst ausprobieren und von anderen Hunden wahrnehmen, um das Knurren selber als Kommunikationsinstrument zu erlernen.

Der genetische Rahmen wird also vorgegeben, die Art und Weise aber durch die Resonanz mit der Umwelt erlernt. Das gilt für jegliche Verhaltensweisen.

Der Züchter sollte nun schon mit dem ersten körperlichen Kontakt zum Welpen beginnen. Somit kann der Welpe bereits erste menschliche Eindrücke erlernen, wie z.B. Anfassen, Berühren, Umsetzen, zum Futternapf Bringen, Anlächeln usw. Übrigens wird der Welpe in dieser Phase von der Natur geschützt, indem negative Erlebnisse keine negativen Eindrücke bei ihm hinterlassen.

Die transitionale Phase

Das ist die sogenannte Übergangsphase und sie beginnt in der dritten Lebenswoche. Die Augen und Ohrenkanäle öffnen sich und die Außenreize bekommen für den Hund eine Bedeutung. Selbständiges Harnen und Koten ist jetzt bereits

In den ersten Wochen heißt es für den Welpen, die Umwelt zu erkunden!

möglich. Auch verändert sich die Interaktion zwischen den Welpen und ihrer Mutter. Sie verlassen nun das sichere Umfeld. Zum Ende dieser Phase können die Welpen laufen und die Sinnesorgane sind vollständig ausgebildet. Im Anschluss an diese Phase geht es direkt in die sozial sensible Phase über.

Die sozial sensible Phase

Die Phase ist sowohl für Menschen als auch für den Hund eine sehr wichtige Phase. Hier kann bereits aktiv das spätere Leben des Hundes beeinflusst und mitbestimmt werden.

Was der Hund in diesen 3 Monaten lernt, wird er quasi nicht mehr vergessen und besonders intensiv speichern!

Es werden Verhaltensmuster durchgespielt und kombiniert, sodass sich der Hund bereits von klein an bestmöglich auf später vorbereiten kann. Nach den Forschungsergebnissen zeigen Welpen in den ersten 8 Wochen 80% ihres kompletten Verhaltensrepertoires.

Die sozial sensible Phase geht von der 3. bis zur ca. 16. Lebenswoche. Ab der Übernahme eines Welpen (in Deutschland darf ein Welpe ab der 8. Lebenswoche an einen neuen Hundehalter abgegeben werden) liegt es also mit in eurer Hand.

I Info

Den Welpen nicht zu früh von der Mutter trennen!
Der richtige Zeitpunkt für die Übergabe zu seinem neuen Hundehalter sollte für den Welpen je nach Rasse und Charakter zwischen der 8. und 10. Lebenswoche gewählt werden.

Um konfliktfrei durch die hoffentlich nächsten 15 Jahre mit eurem Hund zu kommen, darf er nun einiges lernen:

Sozialisation

Das ist die Gewöhnung an die belebte Umwelt! Das Kennenlernen und Kommunizieren mit Artgenossen, anderen Tieren, Menschen usw.

In der Welpenschule lernen Hunde den richtigen Umgang mit ihren Artgenossen.

Je mehr er kennenlernt, umso besser. Der Hund ist ein soziales Lebewesen und ist auf ein Leben in der Gemeinschaft ausgerichtet. Das Motto sollte bei allen Gewöhnungsprozessen heißen: Fordern, aber nicht überfordern.

I Info

„Keine Sorge, der hat Welpenschutz!"
„Welpenschutz" gibt es nicht! Wäre dies nämlich so, dann könnte ein Welpe die Beißhemmung nicht erlernen und es käme zu Kommunikationsproblemen unter Artgenossen. Ein anderer Grund ergibt sich bereits aus der Frage, weshalb sich ein Alttier von einem Jungspund auf der Nase herumtanzen lassen sollte?! Das würde die gesamte innerartliche Struktur schwächen und zu unnötigen Konflikten führen.

Habituation

Das ist die Gewöhnung an die unbelebte Umwelt. Der Welpe soll sich an Gegenstände des Alltags wie Staubsauger, Mülltonnen, Barhocker usw. gewöhnen. Ebenso soll er seine Erfahrungen mit Geräuschen wie Motoren, knallende Türen, quietschende Reifen usw. machen. Immer daran denken, der Hund kennt den Sinn einer Mülltonne nicht und er muss für sich lernen abzuwägen, ob ein Gegenstand für ihn Sicherheit oder Unsicherheit bedeutet.

Hunde müssen an ihre zukünftige Umgebung herangeführt werden. Sonst ist die Flucht vor dem Staubsauger vorprogrammiert!

Die Gewöhnungen an Reize solltet ihr im Alltag trainieren und unterstützend dazu am besten eine gute Welpenschule besuchen.

Eine gute Welpenschule erkennt ihr an folgenden Punkten:

- Pro Trainer sind maximal 6 – 8 Mensch-Welpen-Teams auf dem Platz.
- Der Trainer arbeitet nach den neusten wissenschaftlichen Methoden und vor allem gewaltfrei.
- Der Trainer kann die Situationen auf dem Platz richtig einschätzen und den Hundehaltern genau erklären, was die Hunde gerade machen.
- Mobbing wird nicht zugelassen. Der Trainer achtet darauf, dass die Welpen zueinander passen und sich gemeinsam angstfrei entwickeln können.
- Kleine Übungseinheiten, genauso wie das richtige Sozialspiel, werden gefördert.
- Neben einer Möglichkeit zum „freien Toben" sollten auch andere Örtlichkeiten besucht werden. Ein Stadttraining bietet sich da ebenso an wie ein gemeinsamer Spaziergang im Wald. Zoo- und Bauernhofbesuche erweitern die Lebensqualität

ungemein, wenn der Hund weiß, dass er mit Entspannung auf Situationen reagieren kann, die normalerweise bei ihm ein Angst- oder Jagdverhalten auslösen.

Auch spielerisches Lernen sollte in der Welpenstunde gefördert werden.

- Klapperndes Spielzeug, Tunnel und ein Abenteuerspielplatz dürfen nicht fehlen.
- Die Gruppe sollte gemischt werden. Eine Dogge muss kennenlernen, wie ein Chihuahua aussieht, ebenso muss ein Mops einen Bobtail kennenlernen, um ihn auch im späteren Leben als Artgenosse zu identifizieren. Tatsächlich ist es so, dass viele Bissverletzungen hätten vermieden werden können, wenn Hunde die Chance gehabt hätten, andere Hunderassen vorher kennenzulernen.
- Auch sollte der ein oder andere gut sozialisierte, erwachsene Hund mit in die Gruppe genommen werden, damit die Kommunikation mit anderen Hunden auch direkt trainiert werden kann.
- Im Optimalfall lernt der Hund sowohl der Unterlegene als auch der Überlegene zu sein und entspannt mit anderen zu spielen.
- Der Hundetrainer versteht seine Hundehalter, sodass diese sich auch wohlfühlen.
- Der Hundehalter bleibt in der Verantwortung, dennoch unterstützt der Trainer in unklaren Situationen und gibt viele nützliche Tipps.
- Der Hundetrainer geht freundlich mit den Hundehaltern um.

In der Welpenstunde wird das Sozialspiel der Hunde gefördert und es werden erste öffentliche Orte erkundet.

Es ist übrigens falsch, dass Welpen die Welpenschule nicht besuchen dürfen, wenn sie noch nicht komplett durchgeimpft sind. Für jeden Welpen gibt es auch einen unterschiedlichen Impfplan, sodass nicht immer ein ausreichender Impfschutz gegeben sein kann. Für den Hund ist ein früher Kontakt mit der Welpengruppe jedoch sehr wichtig für das spätere Leben! Deshalb dürfen Welpen die Welpenschule auch besuchen, wenn sie noch nicht komplett geimpft wurden.

In dieser Zeit sollte der Hund drei wesentliche Punkte im Umgang mit seinen Artgenossen lernen: Er sollte selbst in der Situation des Unterlegenen und des Überlegenen sein und darin jeweils handeln können. Ebenso ist das soziale Spielen sehr wichtig. Spielverhalten von Hunden darf nicht unterschätzt werden und ist nahezu essentiell.

I Info

Den Hund auf andere Tiere vorbereiten!
Ob sich euer Hund mit anderen Tieren wie Kaninchen, Katzen usw. versteht, hängt von seinen Erfahrungen ab, die er in der sozial sensiblen Phase mit der jeweiligen Tierart gemacht hat. Kontrollierte Ausflüge in den Zoo unterstützen den Hund und helfen ihm, sich stressfrei an unterschiedliche Tierarten zu gewöhnen.

Mittlerweile ist es sogar bewiesen worden, dass mangelhaft sozialisierte Welpen ein schlechteres Immunsystem entwickeln und anfälliger für Krankheiten sind.

Apropos sozialisierte Welpen – achtet auch auf ein angemessenes Stubenreinheitstraining!
Wenn ihr ein paar Regeln beherzigt, ist die Übungsphase zur Stubenreinheit schnell überstanden.

Stubenreinheit kommt nicht von alleine! Regelmäßiges Training ist in den ersten Wochen Pflicht.

Jeder Welpe sollte zu Beginn alle zwei Stunden nach draußen gebracht werden, um sein Geschäft zu verrichten – und zwar auf dem Untergrund, auf dem er auch später Harn und Kot absetzen soll. Lernt der Welpe, dass er Lob erntet, wenn er auf das Gras im Freien pieselt, wird er das Verhalten speichern.

Nutzt die Gunst der ersten Stunde und sucht ihm die passenden Stellen aus, auf denen er sich zukünftig lösen soll. Wenn ihr weiterhin alle zwei Stunden mit ihm raus geht, habt ihr eine gute Chance, dass der Welpe draußen sein Geschäft verrichtet. Damit ist die Erfolgsquote und Motivation des jungen Welpen sehr hoch, wenn er für erfolgreiche Geschäfte an der richtigen Stelle auch gelobt wird! Gleichzeitig lernt ihr den Rhythmus des Hundes kennen.

Zudem solltet ihr mit dem jungen Welpen noch rausgehen, wenn er:

- gespielt
- gefressen
- geschlafen

hat - und zwar sofort! Zögert hier nicht, ansonsten geht es mit Sicherheit daneben.

Wenn es passiert ist

Findet ihr seine Hinterlassenschaften in eurer Wohnung als fertiges Endprodukt, ihr ertappt ihn aber nicht auf frischer Tat, lasst den Hund raus zu seiner Pippi-Stelle und wischt es kommentarlos weg! Aufgrund der Lerntheorie kann der Hund eine mögliche positive Strafe (Ausschimpfen, oder ähnliches) nicht mit seinem Kothaufen oder der Pfütze in Verbindung bringen.

I Info

Ein Welpe lernt durch Erfolg, nicht durch Strafe!
Der alte „Mythos", den Hund mit der Nase in seinen eigenen Urin zu drücken oder ihn zu schütteln, ist schlichtweg falsch. Zum einen ist es lerntheoretisch der falsche Ansatz und zum anderen ist es Tierquälerei!

Wenn man den Hund dabei „erwischt"

Erwischt ihr ihn jedoch auf frischer Tat, dürft ihr mit einem „Nein" unterbrechen.

Falls es doch einmal passiert und der Hund sich in der Wohnung löst, dann ist Bestrafung kontraproduktiv!

Dieses „Nein" gilt nicht als Bestrafung, sondern führt zu einer Schrecksekunde und somit zu einem Abbruch.

Viele verwenden darum auch kein „Nein", sondern nur das Klatschen in die Hände oder ein ähnliches Geräusch. In dieser Schrecksekunde wird der Hund den Schließmuskel zusammenziehen und den Vorgang unterbinden. Jetzt könnt Ihr den Hund nehmen und an die richtige Stelle draußen setzen.

Meistens entspannt der Welpe dort und pinkelt nun unter Anleitung eurer guten Stimmung und viel Lob den Rest aus seiner Blase. So schafft der Hund es nun zu verstehen: Draußen freuen sich alle, drinnen nicht.

Jeder braucht seine Zeit

Egal wie fleißig man ist, wann der Hund stubenrein ist, ist nicht vorhersehbar. Es gibt Hunde, die nach Monaten noch nicht stubenrein sind. Natürlich sollte man auch darüber nachdenken, ob medizinisch alles in Ordnung ist. Ist der Hund auf einem guten Weg zur Stubenreinheit und dann verschlechtert sich die Situation, ist umgehend ein Tierarzt/Tierheilpraktiker zu konsultieren. Der Hund könnte eine Blasenentzündung haben. Gerade bei Welpen sollte man aufpassen, dass sich keine chronische Entzündung einstellt.

Learning by doing

Der Vorteil der sozial sensiblen Phase ist, dass die Welpen in der Zeit ohne Motivation lernen – sprich sie müssten für ihr richtiges Verhalten keine Belohnung bekommen, sie haben auch so Spaß daran. Je facettenreicher der Hund lernt, umso entspannter wird er in der Zukunft auf Außenreize reagieren.

I Info

Welpen brauchen positive Reize!

Jung und dynamisch wird der Welpe sein! Nutzt das aus und bietet ihm von Anfang an, wenn er bei euch einzieht, eine Vielzahl positiver Reize in seinem Leben. Dadurch kann er seine Erfahrungen sammeln.
Das schöne ist, dass ihr sofort mit dem Training beginnen könnt. Welpengruppen unterstützen euch dabei, ein stressfreies Training aufzubauen, welches der Hund spielerisch umsetzen kann!

Es erklärt sich nun auch, warum es keine kinderliebe Hunderasse gibt – was erschreckenderweise immer noch propagiert wird. Ob ein Hund Kinder mag, hat sehr viel damit zu tun, ob er Kinder unterschiedlicher Altersgruppen während der sozial sensiblen Phase kennengelernt hat – und wie diese mit ihm umgegangen sind. Hat der Hund sie kennen und lieben gelernt, stehen die Chancen gut, dass er sie als positiv abspeichert. Sollten sie ihn geärgert haben, wird er das allerdings negativ verknüpfen.

Es ist sinnvoll, dass Kinder den richtigen Umgang mit Hunden lernen. Das sollte aber immer unter Aufsicht und vor allem kontrolliert passieren. Auch die Leckerchen sollten mit ausgestreckter Hand und erst auf das Signal „Nimm" (s. Kapitel 3) gegeben werden.

Genauso verhält es sich mit Spaziergängen. Hund und Kind sollten nur unter Aufsicht zusammen Gassi gehen und das Kind sollte viel über das Verhalten des Hundes erklärt bekommen.

I Info

Bei negativen Erfahrungen mit Kindern...

Bekommt man einen Hund aus dem Tierheim und weiß, dass er sich nicht mit Kindern versteht, ist es unbedingt erforderlich, den Hund von anderen Kindern fernzuhalten und ihn ggf. anzuleinen.
Der Hund darf auch nicht die Möglichkeit bekommen, das Kind anzuspringen. Auch Kinder können auf Spielideen kommen, die dem Hund Angst machen und zusätzlich in aggressivem Verhalten unterstützen. Daher sollte kein unkontrollierter Kontakt stattfinden. Weiterhin empfehlen wir mit einem Hundetrainer ein professionelles Training inkl. einer guten Einschätzung anzugehen.

Tierarztbesuche

Keine Angst vor dem Tierarzt. Erste Testläufe ohne Untersuchung gewöhnen den Hund an die unbekannte Umgebung.

Mit dem jungen Welpen stehen nun auch die ersten Tierarztbesuche an. Viele Tierärzte bieten an, dass ihr mit euren Hunden vor dem ersten Termin ohne Grund in die Praxis kommen könnt und euer Hund dann in Ruhe die vielen neuen Gerüche aufnehmen kann. Dadurch kann sich euer Hund entspannt an die neue Umgebung gewöhnen und ihr müsst nicht aufgeregt sein, da es ja lediglich ein Testlauf ohne Untersuchung ist. In der sozial sensiblen Phase macht es durchaus Sinn, wenn er gute Erfahrungen beim Tierarzt machen kann.

I Info

Tipps für den Tierarzt

Verknüpft der Hund den Tierarzt jedoch negativ und muss später dennoch behandelt werden, helfen ein paar Tricks. Diese solltet ihr anwenden, wenn euer Hund beim Tierarzt wie wild um sich schnappt.

- Seid so entspannt, wie es geht, denn damit helft ihr eurem Hund.
- Haltet ihn gut fest, streichelt ihn aber nicht, wenn er angespannt ist – das wäre eine unbewusste Bestätigung.
- IHR solltet euren Hund unter Kontrolle halten, nicht der Tierarzt.
- Bestrafungen sind unangebracht! Diese werden durch euren Hund mit einem negativen Erlebnis verbunden und suggerieren ihm: „Tierarztbesuch, das ist nichts für mich!

Beißhemmung

Während der sozial sensiblen Phase lernt der Welpe fast wie von selbst zu kontrollieren, wie er seine Zähne einsetzt – die sogenannte Beißhemmung. Jeder Hund kann Beißen – jetzt muss er lernen, wie weit und ob er überhaupt seine Zähne einsetzen darf. Für uns ist wichtig zu wissen, dass die Beißhemmung nicht einfach angeboren ist, sondern erlernt werden muss.

Oft hört man zwei Welpen im Spiel quietschen - dann hat einer zu fest zugebissen. Die Hunde lassen umgehend voneinander ab und nach einer kurzen Verschnaufpause geht es direkt weiter. Durch dieses Quietschen hat der eine dem anderen mitgeteilt, dass er das lassen soll. Würde der andere Hund darauf nicht reagieren, müsste der quietschende Hund intensivieren und würde dann auch ins Knurren bzw. zu einem stärkeren Zubeißen übergehen. Daher lassen die Hunde meistens dann kurz voneinander ab. Durch Wiederholungen lernt der Hund seine Zähne bei diesem Hund nur so einzusetzen, dass das Spiel auf jeden Fall weitergehen kann.

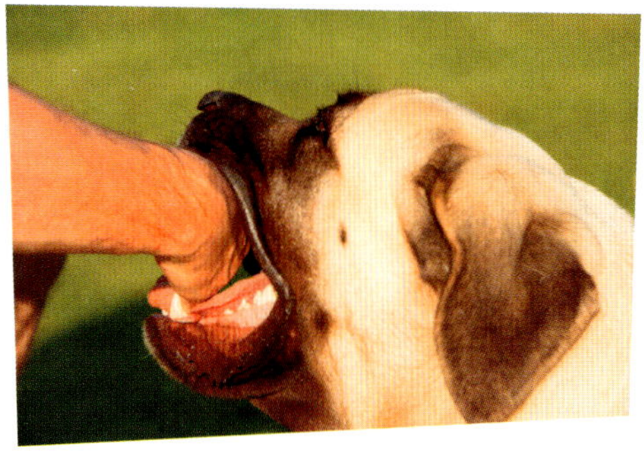

Damit Hunde im Spiel ihre Grenzen kennenlernen, sollte die richtige Beißhemmung aktiv gefördert werden.

Hunde verallgemeinern nur bedingt. Das bedeutet, dass der Hund die Beißhemmung auch bei anderen Hunden und bei Menschen erlernen muss. Ihr könnt das auch am besten trainieren, wenn ihr mit eurem Hund spielt. Schnappt er zu fest zu, brecht ihr umgehend (Timing!) das Spiel ab und ignoriert ihn. Nach einigen Sekunden beginnt ihr das Spiel erneut. Beißt er wieder zu, beendet ihr auch wieder. Durch diesen Turnus lernt euer Hund, dass er eure Aufmerksamkeit verliert und das Spiel unterbrochen wird, wenn er zu fest zubeißt. Er nimmt sich automatisch zurück und wird demnächst vorsichtiger sein.

Fazit: Das Erlernen einer Beißhemmung, ebenso wie aggressive Verhaltensweisen, muss vom Hund erlernt werden, denn das sorgt für eine angemessene Kommunikation der Hunde untereinander.

I Info

Beißhemmungen frühzeitig fördern!
Beißhemmung gegenüber Menschen?
Setzt der Hund bei euch seine Zähne ein, sollte das Spiel unterbrochen werden. Seid dabei unbedingt konsequent.
Es ist einfacher für ihn zu lernen, dass der Einsatz von Zähnen generell unterbunden wird. Bereits das berühren der Haut mit den Zähnen ist nicht erlaubt.
Dieses konsequente Verhalten schützt zudem auch eure Kinder. Auch wenn Arme und Hände von Erwachsenen dem Biss des Hundes standhalten können, wäre die gleiche Biss-Stärke bei Kindern umso schmerzhafter!

Die Pubertät

...und dann wird er zum Schnösel!

Habt ihr die ersten Wochen mit eurem Welpen gut überstanden, geht es auch direkt weiter in die nächste Phase:

In der sogenannten „juvenilen" Phase, nach der Vollendung des 4. Lebensmonats, beginnt langsam aber stetig die „Sturm- und Drangzeit" des Junghundes.

Bereitet euch schon während der Welpenphase auf die kommende „Rockerphase" vor. Denn während das kleine 1 x 1 der Welpenerziehung (Sitz, Platz, Hier, Leinenführigkeit usw.) gut klappt, wird es schwieriger, wenn der Hund in seine erste Pubertät kommt.

Speziell Ersthundebesitzer haben damit ihre Schwierigkeiten. Da der Welpe offensichtlich gut hört, ist es schwer zu glauben, dass sich dieses Verhalten jemals ändern würde.

Aber genau das tut es! Kommt der Hund in die Pubertät, finden einige Umbau- und Entwicklungsprozesse im Körper und in Bezug auf sein Verhalten statt. Schaut einmal genauer hin:

- Rüden als auch Hündinnen werden geschlechtsreif. Sowohl der Östrogenpegel bei Hündinnen als auch der Testosteronspiegel beim Rüden erhöhen sich. Zu beobachten ist das daran, dass Rüden nun vermehrt markieren, wenn eine Hündin in der Nähe ist. Aber auch vom äußeren Ausdrucksverhalten ist das am Imponierverhalten zu erkennen. Des Öfteren sieht man Rüden, die den Hündinnen nicht mehr vom Vaginalbereich weichen. Fiepen, Winseln und auch Bellen sind nicht selten. Wenn dann die erste Läufigkeit bei Hündinnen auftritt, ist es um viele Rüden bereits geschehen. Aber auch hier ist durch die Natur kein einheitlicher Zeitrahmen vorgegeben. Je nach individuellem Entwicklungsstand und Persönlichkeitsprofil des Hundes setzt die Pubertät bei dem einen eher und bei dem anderen später ein.
- Während der ersten Pubertät hinterfragt der Hund seine vorherige Erziehung. Das tun alle Hunde und kein Besitzer kann sich davon freisprechen. Dennoch könnt ihr als Halter einiges dafür tun, um die Pubertät etwas im Rahmen zu halten, beziehungsweise durch die konsequente Erziehung einiges verhindern. Alle erlernten Signale wird der Hund während dieser

Phase hinterfragen. Absolvierte der Hund zuverlässig das Kommando „Sitz", „Platz" oder „Hier", wird er nun versuchen, es in Frage zu stellen. Er wird ausprobieren, was passiert, wenn er es nicht umsetzt. Jetzt ist eure Konsequenz gefragt, auch wenn es in einigen Situationen während der Pubertät hin und wieder aussichtslos erscheint. Der Hund verhält sich so, als hätte er noch nie eine Hundeschule gesehen. Keine Sorge - dieses Verhalten ist normal und nicht krankhaft! Jedoch benötigen viele Hundehalter an dieser Stelle Unterstützung. Denn häufig ist es für sie nicht klar erkennbar, dass es sich nur um die Pubertät handelt. Viele Halter werden ängstlich und fühlen sich der Situation nicht immer gewachsen. Die gute Nachricht ist aber, dass jeder Hundehalter selbst die Pubertät mit steuern kann.

Auch Hunde kommen in die Pubertät. Dann kann es noch einmal spannend werden.

Nämlich durch:

- Konsequentes Hundetraining – weitermachen, weitermachen, weitermachen!!! (trotz Misserfolgen während dieser Zeit)
- Erhöhung des Managements (zum Beispiel durch Anleinen an einer Schleppleine oder einer normalen Leine, sodass dem Hund während der Pubertät die Möglichkeit genommen wird, nicht zurückzukommen.)
- Die Stimmungsübertragung spielt eine große Rolle. Ihr solltet euch nicht von den Launen des Hundes anstecken lassen, denn meistens treiben euch diese in den „Wahnsinn". Vielmehr solltet ihr seine eigene Stimmung wahrnehmen und kontrollieren. Übertragt eine ruhige und entspannte Stimmung auf den Hund. Das wirkt Wunder. Gleichzeitig lernt der Hund, dass er euch nicht manipulieren kann, sondern ihr auch tatsächlich eure Führungsqualitäten behaltet.
- Hinzu kommt während dieser Phase noch, dass das Jagdverhalten des Hundes erwacht. Alle Hunde besitzen ein Jagdverhalten. Dieses ist genetisch programmiert und fixiert. Je nach Rasse und individuellem Charakter des Hundes tritt es bei einigen Hunden heftiger und bei einigen nicht so heftig auf. Jagdverhalten ist ein physiologisches Verhalten. Das bedeutet, dass es ein gesundes und kein krankhaftes Verhalten ist. Dennoch ist es die Aufgabe von euch Hundehaltern und Hundetrainern, darauf zu achten, dass Hunde nicht frei wildern, sondern eine Signal-Kontrolle (euer Hund reagiert sicher auf eure Anweisungen!) besteht. Jagdverhalten zählt nicht zum Aggressionsverhalten, sondern wird dem Funktionskreis „Nahrungserwerb" zugeordnet.
- Zu diesem Zeitpunkt findet auch der Zahnwechsel beim Hund statt.
- Oft werdet ihr während der Pubertät feststellen, dass sich eure Hunde trauen werden, sich weiter von euch weg zu bewegen und auf eigene Erkundungstour zu gehen. Auch dieses Verhalten ist normal, sollte jedoch durch euch kontrolliert werden.

- Die gute Nachricht ist, dass die Pubertät ganz von alleine wieder aufhört – die Intensität aber viel mit eurer Einstellung zu tun haben wird.

Die Probleme bestehen zunehmend im häuslichen Bereich. Das bedeutet, dass die hauptsächlichen Probleme in der Kommunikation zwischen Mensch und Hund liegen und nicht zwischen Hund und Hund. Das macht die Spaziergänge noch sehr erträglich. Wenn ihr euch der zweiten Pubertät widmet, mit etwa anderthalb Jahren, werdet ihr schnell feststellen, dass eure Hunde ihre Pubertät mehr gegenüber Artgenossen richten und ihr werdet häufig(er) Schwierigkeiten haben, die Kontrolle über sie zu behalten.

I Aus dem Nähkästchen geplaudert

Nicht selten haben wir Neukunden, die sich nachts auf 3:00 Uhr den Wecker stellen, um dann mit ihrem Hund stressfrei rauszugehen, weil es tagsüber durch die Konfrontation mit anderen Hunden nicht mehr möglich ist.

Die zweite Pubertät

In der Wissenschaft wird dieses Thema der zweiten (emotionalen) Pubertät noch nicht behandelt. Hundehalter und Hundetrainer wissen aber, dass jeder Hund noch einmal eine Phase durchmacht, in der er noch einmal ganz besonders intensiv durchlebt, wie er seine Stellung in der sozialen Struktur findet.

Die zweite Pubertät: Wissenschaftlich noch nicht begründet, aber mit Sicherheit kein Mythos!

Einen Hund in der zweiten Pubertät kann man sich wie einen 20-jährigen, jungen Menschen vorstellen. In dieser Phase erlangen die meisten ihre „soziale Reife". Der Hund möchte ebenfalls die Welt kennenlernen und neue Dinge ausprobieren. Auch ein Wettstreit unter Artgenossen gehört zur normalen Kommunikation. Der Hundehalter interpretiert diese jedoch häufig als überstarke Aggressionen. Daraus resultiert, dass der Hund dann von seinen Artgenossen ferngehalten wird und ein „Teufelskreis" entsteht. Durch den fehlenden Kontakt zu anderen Hunden kann der Hund auch weniger soziale Kontakte wahrnehmen und der Auslastungspegel sinkt.

Dieser Teufelskreis frustriert viele Hunde und als Resultat kämpft der Hundehalter meistens mit einer sogenannten Leinenaggression. Dadurch entsteht bei vielen Hunden eine Frustration. Der Hund ist an der Leine nicht mehr zu halten, sobald er einen Artgenossen sieht. Verschiedene Motivationen sind der Auslöser dafür, dass der Hund in die Leine springt und zu dem anderen Hund möchte. Gefolgt von steigenden Aggressionen, die unter anderem durch Bellen oder Fiepen gefördert werden, denkt der Hundehalter, dass sein Hund verhaltensauffällig ist.

Durch die immense Kraft, die Hunde aufbringen können, um von Punkt A zu B zu kommen, ist es den Hundehaltern häufig nicht möglich, ihren Hund entspannt an der Leine oder gar an einer durchhängenden Leine zu führen. Tipps, wie man aus dieser Nummer wieder herauskommt, gibt es unter Kapitel 3, Stichwort: Leinenführigkeit!

Auch in der zweiten Pubertät gilt das Gleiche wie in der ersten. Jeder Hundehalter sollte Verständnis für die Zeit seines Hundes aufbringen, jedoch auch konsequent sein Training weiterhin verfolgen. Ein Hund hat nach ungefähr drei Jahren seine körperliche als auch geistige Reife entwickelt. Die Pubertät ist die Entwicklungsphase dahin. Er lernt beispielsweise, wovor man Angst haben sollte und wovor nicht.

Während dieser langen Zeit lernt er seine möglichen Sexualpartner kennen, wie er sich fortpflanzt, wie der Nahrungserwerb funktioniert, ob und wie er sein Jagdverhalten ausleben darf und wie der Alltag mit den Menschen funktioniert.

Zudem finden so viele Um- und Aufbauprozesse durch Hormone, Pheromone und viele andere Botenstoffe in seinem neuronalen Netzwerks statt, dass es ihm tatsächlich schwer fällt, immer zu 100% auf seinen Halter zu achten.

Ihr solltet also immer im Hinterkopf behalten, dass euer Hund während der Pubertät nicht einfach nur nicht will, sondern zu einem gewissen Prozentsatz auch nicht hören kann.

Der alte Spruch: „Mit Geduld und Spucke" gilt speziell in der Pubertät eures Hundes.

So denken Hunde

Wer hat die Hosen an?

Für euren Hund solltet ihr so etwas wie eine „Führungspersönlichkeit" in seinem Alltag und seinem Leben sein. Wenn sich euer Hund bei euch wohl fühlen soll, dann braucht er einen festen Platz in der sozialen Struktur. Ein Hund baut zu jedem Menschen eine Beziehung auf, was wiederum nicht gleich auch Bindung bedeutet. Das bedeutet, dass die Menschen, die sich ihm widmen, seine Kommunikation verstehen und achten, konsequent, liebevoll und artgerecht mit ihm umgehen eine große Chance haben, dass der Hund ihnen vertraut. Dadurch entwickelt sich eine gute Bindung und es entstehen weniger Probleme und Missverständnisse im Alltag.

Klare Strukturen und konsequentes Handeln – mehr brauchen Hunde meist nicht.

I Aus dem Nähkästchen geplaudert

Wie sag ich's meinem Hund?
Kurz und knapp: Mit Geduld, Lob und Konsequenz! Scheitert die Erziehung des Hundes, liegt es meistens an einem dieser Punkte!

Anders ausgesprochen bedeutet es, dass Hundehalter, die häufig Stimmungsschwankungen zeigen – auch schon während eines Signals (Sitz – Siiiitz – Siiiitz verdammt noch mal) – oder die inkonsequentes Verhalten zeigen, für den Hund nie wirklich Führungsqualitäten zeigen werden. Für den Hund heißt dies, dass sein Leben in Gefahr sein könnte. Für euch als Hundehalter klingt „Leben in Gefahr" in der Interpretation etwas überdramatisch, weil ihr eure gedanklichen Abläufe genau kennt und immer/meistens zielorientiert handelt. Gewisse Grundlagen sind für euch selbstverständlich:

- Ihr könnt vorausschauend denken.
- Ihr wollt euren Hund ein Leben lang behalten.
- Ihr wollt euch um ihn kümmern, sodass er keine „Sorgen" haben muss – wo sollte also das Problem sein?!

Hunde wissen so etwas nicht. Im Gegensatz zu Menschen leben Hunde in der Gegenwart (wie kleine Kinder auch). Folglich im Hier und Jetzt. Sie planen die Zukunft nicht wie die Menschen und überlegen sich auch keine strategischen Schlachtpläne um vier Ecken. Weiterhin verstehen sie den Wortlaut der Menschen nicht. Sie entscheiden ehrlich und kontextbezogen, welche Reaktion in der aktuellen Situation die angemessene ist.

I Aus dem Nähkästchen geplaudert

Eine gute Bindung ist das A&O!
Eine gute Bindung fördert ihr durch Konsequenz in Erziehung und Alltag. Weiterhin ist eurem Hund der tägliche Sozialkontakt zu euch wichtig!

Im Prinzip machen Hunde immer eine Kosten-Nutzen-Analyse. Lernt ein Hund, dass er Konflikte vermeiden kann, indem er seine Gegner frühzeitig bedroht, wird er immer öfter Angriffstendenzen zeigen (häufig steigert sich die Intensität im Laufe der Jahre). Hat ein Hund gelernt, sich durch Flucht zurückzuziehen, wird er diese Strategie in Konfliktsituationen nutzen. Der Hund nutzt das, was ihm die geringste Verletzung (Kosten) und den größtmöglichen Erfolg (Nutzen) bringt.

I Kurz & Knackig

Die 4 F's
Hunde haben wie wir Menschen auch 4 Möglichkeiten, auf Stress zu reagieren. Im Fachterminus sprechen wir von den 4 F's, da die Begriffe aus dem Englischen genutzt werden.

1. Flight – er flieht, wenn er kann. An der Leine nicht unbedingt möglich. Kann er nicht fliehen, kippt das Verhalten oft in den Angriff. Das ist die Argumentation, wenn Hunde an der Leine oft aggressiver wirken. Dies ist jedoch keine Norm, an die man sich halten kann, sondern es kommt auf den „Stresstyp" Hund an und welche Erfahrungen er mit welcher Taktik gemacht hat.

2. Flirt – er zeigt in Stresssituationen Übersprungshandlungen, wie etwa anspringen, sich kratzen oder den „Feind" nicht ansehen und stattdessen die Blumenwiese beschnuppern.

3. Freeze – das sogenannte „Erstarren", zeigen Hunde häufig. Optisch erkennt man es an einer Starre und Zittern.

4. Fight – der Angriff. Der Hund greift an. Dazu zählen auch schon Knurren und Bellen. Zeigen die ersten drei Punkte keinen Erfolg oder können nicht eingesetzt werden, endet es meist immer in einem Angriff.

So lernen Hunde

Wie lernen Hunde eigentlich?

Um Hunde erziehen zu wollen, sollte verstanden werden, wie sie ticken und wie wir ihnen etwas beibringen können. Menschen haben die Fähigkeit, komplex zu denken. Bei Hunden ist das nicht ganz so – folglich ist es eure Aufgabe als Halter, auf ihre Denkstrukturen einzugehen und sie in ihrem Lernen zu unterstützen.

Doch was ist Lernen?

Eine Definition:

Aufgrund der Verarbeitung von Signalen oder Reizen wird ein bestimmtes Verhalten des Hundes verändert beziehungsweise angepasst.

Woran lässt sich Lernen messen?

Ob und inwiefern der Hund etwas gelernt hat, lässt sich daran messen, inwieweit sich sein Verhalten nach einem (Lern-)Prozess verändert hat

I Info

Tipp zum Nachdenken!
Es ist keineswegs so, dass man einem „alten" Hund nichts mehr beibringen kann. Im Gegenteil: Hunde lernen ein Leben lang!

Wozu dient Lernen?

Lernen dient der Anpassung an veränderte Lebensumstände sowie der Optimierung des eigenen Zustandes. Nur dann, wenn der Hund persönlich etwas „davon hat", wird er auch lernen wollen.

I Info

Was genau sind Reize?
Reize werden in der Lerntheorie auch
- Stimuli
- Signale
- Informationen

genannt. Sie werden vom Empfänger-Organismus aufgenommen und verarbeitet.

Die Aufnahme der Reize geschieht durch Sinnesorgane. Die Weiterleitung und Verarbeitung erfolgt hauptsächlich durch Nervenbahnen und das Gehirn.

Nicht der Hund muss lernen komplex zu denken – der Hundehalter sollte die Denkstrukturen des Hundes verstehen können.

Lernen bedeutet also, dass Informationen gespeichert werden. Je nachdem, wie und wo dies geschieht, sind sie auch wieder auf unterschiedliche Weise abrufbar. Je stärker der Reiz (und je heftiger die Emotion auf diesen Reiz) und je öfter er wiederholt wird, desto wichtiger wird er für das Gehirn und desto leichter erfolgt die Reizantwort, d.h., desto eher wird das gelernte Verhalten gezeigt. Das erklärt, warum es wichtig ist, dass euer Hund viele positive Erlebnisse während der sozial sensiblen Phase macht.

Lernen durch Assoziation

Einer der wichtigsten Wege, über die Hunde lernen, ist die Assoziation. Das bedeutet, dass zwei Ereignisse, die gleichzeitig bzw. sehr kurz nacheinander stattfinden, im Gehirn des Hundes miteinander in Verbindung gebracht werden (Kopplung im Gehirn). Entscheidend ist dabei, dass die Assoziationszeit (später sprechen wir hier vom „Timing") eingehalten wird. Dies ist die maximale Zeitspanne, die zwischen zwei Ereignissen liegen darf, damit diese im Gehirn miteinander verknüpft werden können.

Wenn eine bestimmte Assoziation nicht nur hin und wieder auftritt, sondern häufig und regelmäßig wiederkehrt und der Hund daraufhin sein Verhalten ändert, sprechen wir von einer Konditionierung.

Somit ist die Konditionierung ein Vorgang, bei dem die entsprechende Assoziation so fest im Gehirn verankert wird, das später allein das Signal der gekoppelten Elemente ausreicht, um im Gehirn zuverlässig eine feststehende Reaktion auszulösen. Wenn dies der Fall ist, wird die Handlung sehr wahrscheinlich gezeigt.

Beispiel für Lernen durch Assoziation:

Wir trainieren mit dem Hund „Sitz". Nach den ersten Übungen hat der Hund „eine leichte Ahnung", was passiert, wenn wir „Sitz!" sagen...
„Sitz!" -> Hund setzt sich -> Belohnung

Er begreift: „Wenn der Mensch „Sitz!" sagt und ich mich hinsetze, bekomme ich etwas Leckeres!" Deshalb wird er sich in Zukunft wahrscheinlich auf das Hörzeichen „Sitz!" auch tatsächlich hinsetzen.

I Info

Sicht- und Hörzeichen + Loben
Hunde unterstützt ihr sowohl mit Sicht- und Hörzeichen als auch mit einer guten Stimmung beim Hundetraining. Und nach getaner Übung das ausgiebige Loben nicht vergessen!

I Aus dem Nähkästchen geplaudert

Frau Müller ist seit Kurzem stolze Besitzerin eines Hundes. Sie stellt fest, dass ihr Hund während ihrer Mahlzeiten zunächst entspannt in seinem Körbchen liegt. Direkt nach dem Essen verfüttert Frau Müller an ihn die verbliebenen Reste vom Teller. Nach einiger Zeit kommt der Hund immer öfter bereits vor dem Beenden der Mahlzeit zum Tisch und wartet dort.
Frau Müller isst ->Hund kommt zum Tisch und setzt sich-> er bekommt etwas zu fressen
Der Hund hat gelernt: „Wenn Frauchen etwas isst, bekomme ich etwas ab... ich gehe schon einmal zu ihr..."

Dem Hund neue Verhaltensweisen beibringen – gar nicht so einfach wie gedacht!

Um den Hund aber richtig zu trainieren, müsst Ihr die Konditionierungsformen unterteilen:

Bei der klassischen Konditionierung treffen zeitgleich/zeitnah zwei Reize aufeinander. Das bekannteste Beispiel ist wohl Pawlow.

Konditionierung

Die klassische Konditionierung - was Pawlow entdeckte

Oder:
Warum der Hund weiß, dass „Sitz!“ = hinsetzen bedeutet.

Der Wissenschaftler Pawlow entdeckte im 19. Jahrhundert die klassische Konditionierung durch Zufall, als er mit einem Experiment zur Untersuchung des Speichelflusses von Hunden beschäftigt war. Die Hunde standen in eigens dafür entwickelten Vorrichtungen, und ihnen waren Apparate einoperiert worden, die den Speichel aus den Drüsenkanälen auffingen. So wurde es möglich, die Menge des Speichels zu messen.

Normalerweise wird die Sekretion von Speichel erst durch einen Nahrungsreiz ausgelöst. Dies geschieht dann, wenn der Hund Futter sieht oder riecht. Pawlow bemerkte jedoch bei seinen Experimenten, dass bereits die „Ankündigung“ von Futter durch das Geräusch des Futterwagens den Speichelfluss auslöste.

Seinen Hund zu konditionieren, klingt im ersten Moment vielleicht ungewohnt, ist aber der erste Schritt zu einem erfolgreichen Training.

Durch diese Erkenntnis angeregt, machte er weitere Versuche:

Eine Glocke hat für den Hund zunächst einmal keine Bedeutung (weder positiv noch negativ), sondern stellt für ihn einen neutralen Reiz dar. Er wird sich vielleicht zur Geräuschquelle hindrehen, aber wenn er noch keine Erfahrung mit Glocken gemacht hat, löst das Klingeln kein Gefühl in ihm aus. Somit wird auch der Speichelfluss nicht gefördert.

Lässt man die Glocke aber nun kurz vor der Fütterung ertönen, so löst der Glockenton bereits nach wenigen Wiederholungen das Speicheln aus, sogar wenn die Hunde das Futter noch gar nicht wahrgenommen haben. Der Hund denkt: „Wenn die Glocke ertönt, kommt gleich das Futter!“

Pawlow fand in seinen Versuchen auch heraus, unter welchen Umständen diese Verknüpfung von Glockenton und Speichelfluss gelingt.
So hat Pawlow es gemacht:

1. Die Glocke (der noch unverknüpfte Reiz) ertönt regelmäßig, bevor der Hund sein Futter (den bereits verknüpften Reiz) sieht und riecht und es ihm zum Fressen vorgesetzt wird.
2. Das Zeitintervall muss so gewählt sein, dass beide Reize (Glocke und Futter) möglichst zeitnah aufeinandertreffen. Nur dann kann das Gehirn den noch unbekannten Reiz „Glocke" mit dem Fressen und dadurch mit dem Speichelfluss verknüpfen. Eine optimale Zeitspanne ist es für den Hund, wenn der neue Reiz 0,5 Sek. vor dem bekannten Reiz eingeführt wird.
3. Die Verknüpfung sollte durch viele Wiederholungen gefördert werden.

Die Verknüpfung war erfolgreich, wenn der Hund eine vermehrte Speichelsekretion zeigte, sobald die Glocke ertönte, obwohl er noch kein Futter sah oder riechen konnte.

Der Lernvorgang der klassischen Konditionierung wird also dadurch ausgelöst, dass der vorausgehende Zusatzreiz (Glocke) den ursprünglichen Reflexreiz (Futter führt zum Speichelfluss) zuverlässig auslöst.

Diese Art des Lernens nutzen wir nun auch, um dem Hund beizubringen, dass „Sitz!" hinsetzen heißt. Denn: Jeder gesunde Hund kann ja sitzen. Allerdings wollen fast alle Hundehalter, dass er sich auch hinsetzt, wenn sie ihm das sagen. Ein untrainierter Hund versteht das Wort „Sitz!" nicht. Das Wort ist für ihn zunächst bedeutungslos. Um das Wort „Sitz!" nun mit dem Hinsetzen zu verknüpfen, macht ihr es am besten genauso wie Pawlow: Ihr bringt den Reiz „Sitz!" mit der Handlung „hinsetzen" in einen engen zeitlichen Zusammenhang. Am besten hat sich bewährt, dass ihr das neue Signal „Sitz!" kurz vorher (ca. 0,5 Sek.) sagt, bevor euer Hund sich setzt.

„Woher weiß ich jetzt aber, wann der Hund sich setzt, damit ich es vorher sagen kann?" denkt ihr euch. Da behelft ihr euch mit einem Trick: Zunächst bringt ihr den Hund dazu, sich hinzusetzen. Das könnt ihr erreichen, indem ihr z.B. eurem Hund ca. 2- 3 Leckerchen gebt.

Mit der richtigen Konditionierung lässt sich dem Hund z.B. ganz leicht das „Sitz" beibringen.

Beim vierten Leckerchen allerdings stellt ihr euch mit dem Futterstückchen in der Hand vor euren Hund. Zwar zeigt ihr ihm das Leckerchen, ihr gebt es ihm aber nicht. Nun wird der Hund aber erwarten, dass er das Leckerchen bekommt: „Das war doch eben auch so". Aus dieser Erwartungshaltung heraus setzen sich die meisten Hunde nach wenigen Sekunden hin. Wenn ihr jetzt schnell das Leckerchen gebt, wird der Hund bei der nächsten Wiederholung sich schon etwas eher hinsetzen. Diese Übung wiederholt ihr, bis ihr genau abschätzen könnt, wann genau er sich setzen wird. Nun ist die Zeit gekommen, das Signal „Sitz!" einzuführen, indem ihr das Wort sagt, kurz bevor der Hund sich setzt. Allein durch den zeitlichen Zusammenhang wir der Hund lernen: „Aha, wenn mein Mensch „Sitz!" sagt, meint er, ich soll mich hinsetzen". Das für den Hund zuvor belanglose Wort „Sitz!" hat jetzt eine Bedeutung bekommen.

Verstärker und Strafen

Die instrumentelle Konditionierung

Nun hat euer Hund zwar verstanden, was „Sitz!" bedeutet. Das heißt aber noch lange nicht, dass er sich auch hinsetzen will, wenn ihr es ihm sagt. Wenn ihr möchtet, dass sich euer Hund auch hinsetzt, wenn er beispielsweise eine Katze sieht oder ihm auf dem Spaziergang ein anderer Hund entgegenkommt, dann benötigt ihr zusätzlich noch die „instrumentelle Konditionierung".

Hunde können eine Bestrafung für vergangene Taten nicht mehr zuordnen.

Dabei verwendet man Lob und Tadel als Werkzeuge (man kann auch sagen: Instrumente) im Training. Setzt sich der Hund hin, bekommt er etwas Angenehmes. Erst jetzt sieht er einen Sinn darin, sich hinzusetzen. Lob wird immer dann eingesetzt, wenn der Hund etwas tun soll. Tadel wird immer dann eingesetzt, wenn er etwas nicht tun soll. Lob und Tadel sind Begriffe, die umgangssprachlich benutzt werden. Der Fachbegriff für Lob lautet allerdings „Verstärker", weil er ein Verhalten „verstärkt", also intensiver zeigen lässt. Und der Fachbegriff für Tadel heißt „Strafe". Dabei bedenkt aber bitte, dass hiermit gemeint ist: „Alles, was eine Handlung weniger intensiv zeigen lässt oder ganz abbricht, ist eine Strafe". Stellt euch vor, euer Hund steckt vorsichtig seine Nase in eure Jackentasche, um darin nach etwas Essbarem zu suchen. Wenn ihr daraufhin lediglich euren Hund scharf anseht und ein leises „hey!" sagt, und der Hund seine Nase wieder zurückzieht, ist das bereits eine Strafe, weil ihr seine Handlung abgebrochen habt. Mit Verstärkern und Strafen könnt ihr eurem Hund also beibringen, ein gewünschtes Verhalten schneller, länger oder besser zu zeigen oder ihr könnt ein ungewünschtes Verhalten abbrechen.

Lob und Tadel: Richtig eingesetzt, kann es das Zusammenleben vereinfachen.

Von Verstärkern und Strafen

Zunächst hört sich das ganz einfach an. Der richtige Umgang mit Verstärkern und Strafen ist aber komplexer, als man es sich zunächst vorstellt. Der Grund dafür ist, dass zwei verschiedene Arten von Verstärkern und auch zwei verschiedene Arten von Strafe existieren. Tatsächlich muss in der Fachsprache wie folgt unterschieden werden:

1. Verstärker sind etwas Gutes.
2. Strafen sind etwas, was den Hund zu einem Abbruch von unerwünschtem Verhalten führen soll.

Diese beiden Punkte solltet ihr euch gut einprägen. Bis hierhin ist das auch kein Problem. Jetzt werden in der Fachsprache jedoch zwei weitere Begriffe eingeführt, die davor gesetzt werden. Es gibt:

- Positive Verstärker
- Negative Verstärker
- Positive Strafen
- Negative Strafen

Nun müsst ihr beachten, dass ihr positiv und negativ nicht emotional mit „gut" oder „schlecht" interpretiert, sondern ihr solltet es mathematisch sehen.

- Positiv = hinzufügen
- Negativ = wegnehmen

Unter dem Aspekt bedeutet dies nun für euch als Hundehalter:

Positiver Verstärker

Ein Verhalten soll verstärkt werden. Ihr gebt dem Hund etwas hinzu – dieses muss ihm gefallen, damit ein Wiederholungseffekt einsetzt. Bespiele für positive Verstärker sind: Leckerchen, Streichel- und Spieleinheiten oder Spielzeug.

Negativer Verstärker

Ihr möchtet auch hier das Hundeverhalten verstärken und müsst etwas wegnehmen, um dieses Ziel zu erreichen. Was ihr allerdings wegnehmt, muss etwas unangenehmes sein, weil der Hund eine Erleichterung verspüren soll, wenn er das gewünschte Verhalten zeigt. Beispiel: Euer Hund zieht stark an der Leine zu einem anderen Hund. Jetzt bleibt ihr zunächst stehen und löst für ihn ein unangenehmes Gefühl aus. Wenn er sich nun für einen kleinen Moment anders verhält und die Leine sich entspannt, könnt ihr in dieser Sekunde weitergehen und der Hund erfährt Erleichterung in Verbindung damit, dass er die Leine entspannt hat. So kann er verknüpfen: Entspannte Leine = ein schönes Gefühl.

Positive Strafen

Der Hund soll ein Verhalten unterlassen, dazu fügt man etwas hinzu. Beispiel: Leinenruck, Schmerzen, Schläge, Abbruchsignal „Nein!" – Anmerkung: Dies sind nur Aufzählungen zur Verdeutlichung – das sind KEINE Trainingstipps! Der Einsatz der genannten Beispiele ist teilweise tierschutzwidrig!

Negative Strafen

Es soll für den Hund zu einem Handlungsabbruch führen, aber dieses Mal nehmt ihr ihm dazu etwas weg. Das könnte zum Beispiel eure Aufmerksamkeit sein. Hört ihr auf, den Hund zu beachten, wird er aufhören euch hinterherzulaufen oder euch anzuspringen.

Beispiel

Frau Müller wird von ihrem jungen Hund „Bruno" in verschiedenen Situationen wild angesprungen. Je älter der Hund wird, desto unangenehmer wird dieses Anspringen. Sie möchte etwas dagegen unternehmen. Es gibt verschiedene Wege, um das Problem zu lösen. So sieht die Lösung mit dem Einsatz eines positiven Verstärkers aus:

Frau Müller bringt ihrem Hund ein Verhalten bei, das der Hund stattdessen zeigen soll. Sie hat sich für das „Sitz!" entschieden. Zunächst übt sie das Hinsetzen in verschiedenen Situationen. Z.B. auch, wenn die beiden gerade spielen, soll sich Bruno auf ein „Sitz!" hinsetzen, wofür er auch belohnt wird. Nach einigen Übungen setzt Frau Müller das „Sitz!" auch ein, wenn Bruno sie anspringen will. Da Bruno sich aber die Belohnung (der positive Verstärker) verdienen will, setzt er sich lieber.

Lösung mit einem negativen Verstärker

In diesem Fall wird Frau Müller ihrem Bruno erst etwas Unangenehmes zufügen müssen: Sie fasst den anspringenden Bruno am Halsband in dem Moment, wenn er hochspringt und ruckelt unangenehm daran. Sobald Bruno wieder mit allen Vieren auf den Boden will, hört sie sofort auf, am Halsband zu ruckeln. Das Aufhören mit dem Ruckeln ist der negative Verstärker, weil Bruno Erleichterung empfindet, wenn er wieder auf dem Boden ist.

Lösung mit positiver Strafe

Körperliche Strafe und Züchtigung durch Schmerzen sind nicht nur gesetzeswidrig, sie können auch zu aggressiven Handlungen führen.

In dem Moment, wenn Bruno sein Frauchen anspringt (oder anspringen will), macht Frau Müller etwas Unangenehmes für den Hund. Die Möglichkeiten sind vielfältig und sollten dem Wesen des Hundes angepasst sein. So kann vielleicht ein scharfes „Nein", ein harsches Runterschubsen oder ein Wasserspritzer zum Abbruch der Handlung führen.

Lösung mit negativer Strafe

Frau Müller hat bemerkt, dass sie Bruno für das Anspringen viel Aufmerksamkeit gibt und der Verdacht liegt nahe, dass Bruno viel Spaß an der Sache hat, wenn sein Frauchen an ihm herumdrückt und auf ihn einredet, wenn er an ihr her-

umspringt. Aus diesem Grund wendet sich Frau Müller einfach von ihm ab, wenn Bruno sie anspringt. Sie reagiert auch nicht mehr mit Worten und bleibt einfach stehen. Da Bruno jetzt keine Aufmerksamkeit bekommt, lässt er das Anspringen sein. Es macht einfach keinen Spaß mehr.
Ihr seht, es gibt viele Möglichkeiten, wie Verstärker und Strafen eingesetzt werden können. Wann welche Einwirkung am sinnvollsten ist, hat mit der Situation und dem Charakter des Hundes zu tun.

Körperlicher Einsatz als Strafe?

Ist leider noch häufig ein Thema. Eigentlich wünscht man sich einen Hund, der einem vertraut und gerne mit dem Menschen zusammenarbeiten möchte.

Vertrauen kann euch der Hund aber nur, wenn ihr „klar" für ihn seid. Wenn ihr euren Hund mit eurer Hand mal streicheln und mal schlagen würdet, wäre das erstens nicht konsequent und klar für ihn und gleichzeitig fördert das keine gute Mensch-Hund-Beziehung. Vom Verstoß gegen das Tierschutzgesetz ganz zu schweigen.

Daher sollten Schnauzgriffe (und alle ähnlichen selbsternannten Varianten, die daraus modifiziert werden), den Hund auf den Boden drücken oder Nackenfellschütteln nicht in das Repertoire eines Hundehalters gehören! Bei zu starker Intensität lauft ihr selbst Gefahr, gebissen zu werden.

Beim Nackenschütteln beispielsweise besteht für den Hund die Gefahr, dass er sich die Halswirbel verletzt, die durchaus sehr empfindlich sind. Er könnte zudem ein Trauma erleiden, sodass er Angst vor Verletzungen und auch generell vor Menschen bekommt.

Auch eine Mutterhündin schüttelt ihre Welpen nicht zur Bestrafung, sondern sie packt sie, stößt sie um und/oder zwickt sie unsanft.

Wenn Verstärker und Strafen wirken sollen...

Selbst eine Mutterhündin würde ihren Welpen keine Schmerzen zufügen – warum sollten Menschen sich dann anders verhalten?

Nach dem Kommando „Sitz!" sollte also ein Verstärker folgen. Allerdings ist es nicht egal, wann genau dieser folgt. Die Beachtung dieses zeitlichen Zusammenhanges wird Timing genannt. Wissenschaftliche Experimente haben bewiesen, dass man nur 2 Sekunden Zeit hat, um ein vom Hund gezeigtes Verhalten mit einem Verstärker zu belohnen. Dasselbe gilt allerdings auch für Strafen: Auch hier habt ihr nur 2 Sekunden Zeit. Denn der Hund lebt so sehr im Jetzt, dass eine Handlung, die vor 5 Sekunden gezeigt wurde, jetzt nicht mehr bestraft werden kann, weil er sie einfach nicht mehr damit verknüpft. Noch intensiver wirkt sich diese Tatsache aus, wenn ein Hund z.B. eine Mülltüte plündert. „Ich habe ihn auf frischer Tat ertappt!" könntet ihr denken. Hier wirkt eine Strafe aber nur, wenn ihr den Hund „ertappt", wenn er gerade beginnt die Tüte zu plündern. Nur dann lernt er, dass er erst gar nicht an die Mülltüte heran darf. Würdet ihr ihn erst später bestrafen, wenn es auch nur 15 Sekunden sind, wird euer Hund nur denken, dass ihr die leckere Tüte selber für euch haben und ihn nun davon verscheuchen wollt. Er kann aber nicht lernen, die Mülltüte generell zu meiden.

I Info

Das richtige Timing ist die halbe Miete! Durch ein schlechtes Timing kann es zu einer Fehlassoziation kommen, denn der Hund verknüpft das Leckerchen in dem Augenblick, wo er es sieht, mit der entsprechenden Handlung. Es liegt also an jedem Hundehalter selbst, ob der Hund die „Wünsche des Halters" erlernt oder durch falsches Timing, vielleicht unbewusst, eine andere Handlung bestätigt wird.

Nicht alles lässt sich durch die instrumentelle Konditionierung erlernen. Unterwürfiges Verhalten lässt sich beispielsweise nicht durch Strafe hemmen, sondern wird vielmehr durch positive Strafe gefördert.

Beispiel:

Ein Hund, der ein Aggressionsverhalten gegenüber einem anderen Hund zeigt, wird von seinem Besitzer getadelt. Die Folge ist, dass er ihm gegenüber Demutsgesten zeigt. Wiederholt sich der Vorgang und der Halter straft erneut / stärker, so wird sich auch das Demutsverhalten verstärken. In der Natur schützt diese Demutsgeste den Hund. Der Hundehalter sollte deshalb mit der positiven Strafe aufhören und stattdessen mit einem negativen Verstärker arbeiten. Zudem sollte er den Druck abbauen. Dann erst kann der Hund entspannen und zeigt weniger Demutsgesten.

Verallgemeinert gesagt: Viele instinktiv verankerte Verhaltensweisen – auch Körperpflege, Mimik oder Fortpflanzung – lassen sich nicht durch Strafen oder Verstärker manipulieren.

Spielautomateneffekt

Sobald eure Übungen funktionieren, kann Lob auch variabel eingesetzt werden. Das bedeutet, dass euer Hund nicht jedes Mal ein Leckerchen bekommt, wenn er „Sitz!" gemacht hat, sondern die Belohnung wird wie bei einem Spielautomaten mal ausgeschüttet und mal nicht. Und so richtig spannend wird es erst dadurch, wenn die Belohnung mal größer und mal kleiner ausfällt. Mal bekommt der Hund ein Leckerchen, mal nicht, mal mehr, mal weniger. Dadurch entsteht der sogenannte Spielautomateneffekt. Bei diesem Effekt passiert Folgendes:

Jemand wirft oben in den Automaten etwas hinein, z.B. eine Münze, und unten kommt VIELLEICHT etwas Schönes heraus – oder auch nicht. Wie viel es dann eventuell sein wird, ist ebenfalls unklar. Die unsichere Gewinnausschüttung löst eine solch intensive Spannung aus, dass der Mensch immer mehr Geld hineinsteckt.

Abwechslung bei den Belohnungen motiviert den Hund, beim Training aufmerksamer zu sein.

Angenommen, ein Hund wurde darauf konditioniert, ein bestimmtes Signal mit einer bestimmten Handlung in Verbindung zu bringen. Er hat z.B. gelernt: „Sitz!" heißt Popo auf den Boden setzen. Wenn nun der Hund jedes Mal mit der gleichen „Lobart" belohnt werden würde, könnte die ganze Übung für ihn schließlich langweilig werden. Sobald sich dann ein konkurrierender Reiz in der Nähe befindet, wird der Hund sich lieber diesem zuwenden. Stellt euch vor, ein Hase läuft vorbei und ihr sagt zu eurem Hund „Sitz!". Wenn er immer gleich belohnt wurde, wird er überlegen: „Nehme ich den Keks oder jage ich den Hasen?" Er wird kurz nachdenken und sich für das entscheiden, was er im Moment am liebsten haben möchte. Oftmals verfolgt er den Hasen.

Arbeitet ihr aber mit der variablen Verstärkung, macht euch quasi zu einem Spielautomaten und belohnt ihn mal mehr und mal weniger, dann wird dieses Spiel so interessant, dass er lieber den Hasen laufen lässt. Denn er weiß nie genau, welche Art von positivem Feedback kommt und wann er dieses erhält. Auf diese Art und Weise werden eine Monotonie im Training und somit auch Einbußen im Lernen/Trainingserfolg vermieden. Ihr erreicht eine größere Aufmerksamkeit bei eurem Hund und er wird besser auf eure Kommandos reagieren. Je abwechslungsreicher ihr eure Belohnung wählt, desto interessanter werdet ihr für euren Hund.

Jackpot

Im Glücksspiel wie im Hundetraining gibt es den Begriff Jackpot und er meint auch jeweils das Gleiche. Ein Jackpot ist eine außerordentliche und seltene Belohnung mit sehr hoher Attraktivität. Er wird bei außerordentlichen Lernschritten oder bei nachlassender Motivation eingesetzt, um die Lernbereitschaft des Hundes wieder zu steigern.

I Info

Generell entscheidet der Hund, wie er am liebsten gelobt werden möchte – nicht der Hundehalter. Es gibt dennoch einige „Klassiker", die ihr bei eurem Hund gerne ausprobieren könnt und die meistens auch gut ankommen:

- Leckerchen
- Mit Worten und guter Laune
- Streicheleinheiten
- Ein gemeinsames Spiel eröffnen
- Sozialkontakte zu Menschen und/oder Artgenossen

Wie sinnvoll sind Strafen überhaupt?

Strafe ist ein gebräuchliches Instrument im Hundetraining. Auch in unserem Leben gilt sie als anerkanntes Element, welches der Kommunikation dient. Das ist nicht weiter verwunderlich, denn unser Rechtssystem baut auf Strafe auf. Schaut euch einmal den Straßenverkehr an: Ein Autofahrer unterliegt den Regeln der Straßenverkehrsordnung. Verstößt er dagegen, so erhält er eine Geldstrafe, z.B. für zu schnelles Fahren. Hält er allerdings die Geschwindigkeit ein, wird dies gar nicht zur Kenntnis genommen. Er erhält keine Belohnung dafür. Auf diesem Prinzip basiert auch unsere Rechtsprechung.

I Info

Grenzen setzen, aber mit der richtigen Dosierung!
Setzt man einem Hund eine Grenze, hilft es dem Hund seine Orientierung im Alltag zu finden. Die Grenze sollte jedoch an die Sensibilität des Hundes angepasst werden. Ein konsequentes „Nein" reicht häufig schon aus. Von körperlicher Gewalt, wie Nackenfellschütteln und den Hund auf den Rücken zu werfen, ist abzuraten! Beim Einsatz von Strafe dieser Art läuft jeder Hundehalter Gefahr, dass sein Hund Angst vor ihm bekommt und ihn meidet.

Seit ca. 1970 findet in Deutschland im Hundetraining ein Wandel statt. Die vormals sehr straf- und zum Teil gewaltbereiten Erziehungsformen werden mittlerweile von vielen Hundehaltern abgelehnt. Sie wünschen sich einen friedlicheren Umgang mit ihren Hunden. Strafe hat zudem noch einige Nachteile. So wird die Freude am Training reduziert, der Hund kann das Vertrauen in seinen Menschen verlieren und der Hund weiß bei einer Strafe noch nicht unbedingt, was er stattdessen machen soll.

Strafintensität – Wie intensiv darf gestraft werden? Welche Strafen sind erlaubt?

In der Hundeszene gehen die Meinungen darüber, wie intensiv und auf welche Art gestraft werden darf, weit auseinander. Leinenruck? Ja, sagen die einen. Nein, entgegnen die anderen. Darf ich den Hund an einer langen Leine mit voller Wucht in diese rennen lassen, so dass er einen Purzelbaum schlägt? Darf man überhaupt körperlich gegen einen Hund vorgehen?

Der sogenannte „Leinenruck" wird vom Hund bereits als Strafe wahrgenommen.

Vor ca. 40 Jahren warben einige wenige Hundeschulen mit „Hundeerziehung ohne Strafen!". Dennoch kommt man nicht ganz davon ab, mit Strafen zu arbeiten. Läuft ein Hund direkt auf einen Mähdrescher zu und der Abruf funktioniert in dem Moment nicht, hat der Halter nur die Möglichkeit mit einer positiven Strafe „NEE-EIIIIN" zu reagieren. Was ich jedoch beachten muss, sind anschließende To-Do's – was könnte ich in Zukunft besser machen? In diesem Fall sollte der Abruf besser trainiert werden.

„Gewalt ist ein Ausdruck von Hilflosigkeit in Ermangelung einer besseren Strategie!", lautet ein Zitat eines ungekannten Verfassers. Haben wir nämlich erst einmal die Wirkung von Strafe erfahren, so möchten wir auf dieses funktionierende Prinzip nur noch ungern verzichten. Wirkt dann unsere Strafe nicht mehr (Gewöhnungseffekt), so reagieren wir mit einer Intensitätserhöhung. Der Weg zur Gewalt ist ein Stück weit geebnet.

Es gibt verschiedene Faktoren, die bestimmen, welche Strafintensität in der jeweiligen Situation angemessen ist und welche nicht:

Gesetze

Das Tierschutzgesetz verbietet es, Tieren ohne vernünftigen Grund Schmerzen oder Leid zuzufügen.

Moral der Gruppe

Wie fast alle Menschen leben auch Hundetrainer und Hundehalter in einem Umfeld aus Freunden, Verwandten, Berufskollegen usw. In diesem Umfeld bestehen konkrete moralische Vorstellungen darüber, wie und wie hart Hunde bestraft werden dürfen oder sollten. Unser Umfeld wirkt auf uns ein und beeinflusst unsere Art, mit Strafe umzugehen, wesentlich mit.

Wissen

Wenn euch die Möglichkeiten fehlen, um ein Verhalten abzubrechen, bleibt euch oft nur noch die Strafe. Wüsstet ihr aber noch einen anderen Weg, könnte auch dieser verwendet werden. Je mehr Wege ihr also wisst, um Hundeverhalten zu beeinflussen, desto weniger müsst ihr strafen.

Eigene Ethik

Als Individuum entwickelt jeder Mensch aufgrund der individuellen Erfahrung, Ausbildung und Persönlichkeit eine eigene Ethik. Das ist dann euer „Bauchgefühl", wenn ihr selber trainiert oder anderen bei der Erziehung oder dem Training zuseht.

Schadensvermeidung

Euer persönliches Bedürfnis nach Schadensvermeidung lässt euch überlegen, ob ihr die Einwirkungsart „Strafe" überhaupt einsetzen wollt, und wenn ja, wie.

Der Hund

Hier gibt es viele Faktoren, die darüber entscheiden, ob und wie ihr Strafe einsetzen könntet. Zu nennen sind hier etwa das Alter (Welpe oder ausgewachsener Hund) oder der Gesundheitszustand (Leinenruck bei Bandscheibenproblemen). Natürlich ist auch die Persönlichkeit des Hundes entscheidend, ob und wie intensiv gestraft werden sollte.

Hunde lernen kontextbezogen: Hiermit ist gemeint, dass das konditionierte Signal für den Hund zu Beginn eines Trainings nur mit anderen zusätzlichen Signalen zusammen eine Bedeutung hat. Diese zusätzlichen Signale sind zum Beispiel Gestik, Ort, Zeit, Person, Stimmung der Person, Umweltreize.

Ziel des Trainings ist jedoch, dass allein das konditionierte Signal die Handlung auslöst, und zwar zuverlässig in jeder Situation, an jedem Ort, zu jeder Zeit und vor allem unabhängig von Umweltreizen. Somit müssen alle unerwünschten Signale, die mit der konditionierten Handlung verknüpft sind, durch Wiederholungen bedeutungslos gemacht werden.

Wir gehen davon aus, dass ein durchschnittlicher Hund mindestens etwa 1000 – 3000

Ein Hund lernt kontextbezogen – Wiederholungen an unterschiedlichen Orten sind Pflicht.

Wiederholungsraten benötigt, um das Signal „Sitz!" zuverlässig und alltagstauglich unter jeglichen Umweltreizen auszuführen. Die Verknüpfung zu verstehen, was „Sitz!" heißt, ist wesentlich schneller abgeschlossen, aber die Generalisierung, dass „Sitz!" in jeder Situation auch hinsetzen heißt, braucht länger.

Das Problem von uns Menschen ist häufig, zu glauben, dass der Hund schon nach der ersten erfolgreichen Übung

„Sitz!" = Hund nimmt den Po auf den Boden

verstanden hat und dann auch automatisch verallgemeinert. Menschen können so etwas – Hunde aber nicht!

I Kurz & Knackig

Hieraus ergibt sich folgende interessante Rechnung: Geht ihr einmal in der Woche auf einen Hundeübungsplatz, so werdet ihr pro Teilnahme im Schnitt 20 Mal „Sitz!" mit eurem Hund üben. Da ihr aber mindestens 1000 Wiederholungen benötigt, ergibt sich daraus:

1000 nötige Wiederholungen / 20 Übungen
= 50 Teilnahmen

... und das würde bedeuten: Wenn ihr nur auf dem Hundeübungsplatz üben würdet, müsstet ihr fast ein Jahr lang teilnehmen (50 Wochen lang), damit euer Hund überhaupt auf „Sitz!" zuverlässig reagiert... und dann hat er womöglich nur gelernt, sich auf dem Hundeplatz hinzusetzen! Durch das kontextabhängige Lernen hat der Hund aber tatsächlich folgende Verknüpfung hergestellt:

„Sitz!"
+ Person
+ Körperhaltung des Menschen
+ Kleidung des Menschen
+ Mimik des Menschen
+ Uhrzeit
+ Ort
+ Untergrund
+ Wetter
+ Ablenkungen
+ ....
= Hund nimmt Po auf den Boden

I Aus dem Nähkästchen geplaudert

Herr Meier trainiert mit seinem Hund das erste Mal „Sitz!" auf dem eingezäunten Trainingsgelände. Bereits nach einigen Wiederholungen setzt sich der Hund auf das Signal hin. Der Halter ist der Meinung, dass der Hund verstanden hat: „Sitz!" = hinsetzen. Auf dem Weg zum Auto möchte der Halter seinen Hund nun wieder zum Sitzen bringen und gibt das entsprechende Signal. Sehr verärgert stellt Herr Meier jedoch fest, dass sein Hund ihn nur verwundert anschaut. Der Hund zeigt keine Anzeichen, sich hinzusetzen. Auch auf Druck und Schimpfen reagiert er nicht. Herr Meier und viele andere Hundehalter vermuten hier eine „Sturheit" oder „Dominanz". In Wirklichkeit hat der Hund aber einfach nur keine Ahnung, was sein Herrchen von ihm möchte. Der Grund für das Nicht-Verstehen in dieser Situation ist das „kontextabhängige Lernen".

Unnütze Gewalt gegen Hunde entsteht dadurch, dass Hundehalter in Unkenntnis des kontextabhängigen Lernens ihren Hund bestrafen, weil sie davon ausgehen, er sei nur stur. Die Folge ist, dass der Hund mit einer für ihn willkürlichen Aggression behandelt wird und sich kein Trainingserfolg einstellt.

Der Kontext bezeichnet ein Lernen, das von den äußeren Umständen, also von der Gesamtsituation, mitbestimmt wird. Solange ein Hund nicht weiß, was genau von ihm erwartet wird, verknüpft er alle Bedingungen einer Lernsituation miteinander.

Um aus dieser Menge an Informationen das zu konditionierende Signal herauszufiltern und dem hundlichen Lernen gerecht zu werden, müssen alle Begleitumstände Stück für Stück verändert und „abtrainiert" werden. Nur so kann der Hund begreifen, dass z.B. SITZ immer und überall bedeutet: Po auf den Boden.

Weil Hunde anders lernen als Menschen, genügt es also nicht, mit dem Hund z.B. nur in der Hundeschule zu üben. Der Hund würde dort irgendwann das „Sitz!" perfekt beherrschen, woanders aber kaum bis gar nicht. Wegen des unterschiedlichen Lernverhaltens fällt es den Menschen schwer zu begreifen, dass der Hund sie bei veränderten Bedingungen der Lernsituation einfach nicht verstanden hat, dass also noch Übungsbedarf beim Aufbautraining besteht.

I Info

So lernt euer Hund ganz schnell!
Trainiert täglich einige Minuten. Hört auf, wenn es am besten klappt, das motiviert ihn ungemein!

Unbewusste Bestätigung

Das gesprochene Wort bedeutet für den Hund zunächst nur eine für ihn unverständliche Fremdsprache.

Was heißt das jetzt genau? Ihr könnt euch das ähnlich vorstellen, als würdet ihr Urlaub in China machen und nicht ein einziges Wort von dem verstehen, was die Einheimischen zu euch sagen. Demnach würdet ihr euch vermutlich auch nur an Gestik und Mimik orientieren und versuchen, daraus einen Sinn abzuleiten. Genauso verhält es sich auch mit eurem Hund!

Nehmt z.B. einmal folgende Situation:

Ein Hund beim Tierarzt ist verängstigt und reagiert mit heftigem Knurren und mit Verweigerung. Das gesamte Tierarzt-Team versucht ihn zu fixieren, der Hundehalter steht daneben und versucht mit liebevollen Worten wie: „ Keine Sorge mein Süßer, die tun dir nichts, gleich ist es vorbei!" auf ihn einzureden. Was würde jetzt bei dem Hund ankommen? Dazu müsst ihr erst einmal wissen, dass Hunde sich untereinander nicht trösten. Wenn ihr allerdings einmal eure Stimmlage beim Trösten und auch beim Loben beobachtet, dann hört es sich für euren Hund absolut identisch an. Da er tröstende Wortlaute nicht deuten kann, geht er also in dieser Situation davon aus, dass der Hundehalter ihn für sein Verhalten gerade lobt (Tonlage beim Trösten identisch wie beim Loben) und wird dieses Verhalten für zukünftige Tierarztbesuche abspeichern. Mit anderen Worten: Dem Hund wurde in diesem Moment genau das Gegenteil vermittelt!

Das bedeutet, dass Hunde den Hundehalter nicht aufgrund des inneren Wortlautes verstehen oder missverstehen, sondern es ergeht ihnen so, als würden Menschen nach China reisen und nicht ein Wort chinesisch sprechen und verstehen können.

Hunde sprechen ganz einfach eine andere Sprache als wir Menschen.

Die Menschen dort sprechen mit dem Touristen in ihrer Muttersprache, aber dieser hat keine Ahnung, was sie zu ihm sagen. Der Urlauber kann sich nur an Gestik und Mimik orientieren, so wie ein Hund.

Und nun stellt Euch den 35 Kg schweren, knurrenden Hund beim Tierarzt auf dem Tisch vor, der das gesamte Tierarzt-Team bedroht und seine Besitzerin steht daneben, die den Hund mit den Worten „Keine Sorge Lucy, der tut dir nichts, gleich ist es vorbei" beruhigt. Die kleine Lucy wird sich gelobt fühlen und das Verhalten in Zukunft noch intensiver zeigen.

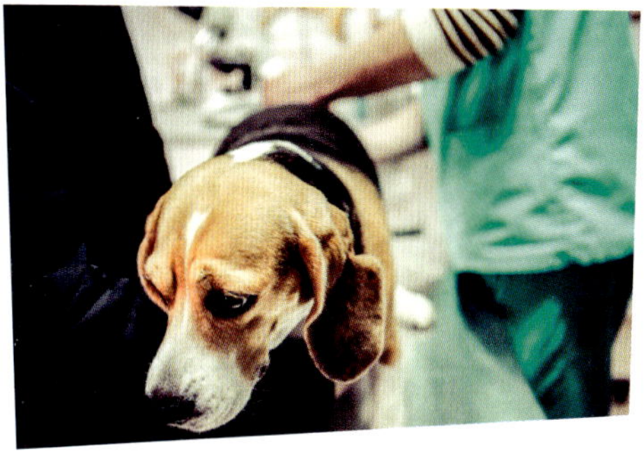

Unbewusste Bestätigung durch falsches Verhalten z.B. beim Tierarzt.

Besser wäre es, wenn die Besitzerin Lucy ignoriert, wenn sie sich so aufregt, dafür aber einen Moment abpasst, in dem Lucy etwas ruhiger wird oder von etwas abgelenkt wird und sie dann sofort für dieses Verhalten lobt. Hausaufgabe für euch: Zwischendurch solltet ihr immer mal beobachten, wo ihr den Hund im Alltag unbewusst bestätigt. Auch die Beruhigungsversuche auf dem Spaziergang, wenn ein anderer Hund entgegenkommt, können eine unbewusste Bestätigung für den Hund darstellen...Upps!

I Info

Aggressionen entstehen meist durch unbewusste Bestätigung!

Solltet ihr mit eurem Hund das Problem haben, dass er Aggressionen gegenüber anderen Hunden zeigt, dann solltet ihr euch trainieren lassen und eure Kommunikation auf unbewusste Bestätigung überprüfen lassen. Insbesondere Aggressionen können durch unbewusste Bestätigung verstärkt werden!

Körpersprache des Hundes lesen

Kommunikation ist alles...

...auch in der Hundesprache! Folglich solltet ihr euren Hund – am besten natürlich alle Hunde – lesen können. Mit „lesen" ist die richtige Interpretation der Körpersprache gemeint. Das gibt euch Sicherheit, um in verschiedenen Situationen das Verhalten richtig zu verstehen und entsprechend handeln zu können.

Natürlich ist das Ausdrucksverhalten wesentlich komplexer als hier beschrieben. Dennoch ist es wichtig, sich zu Beginn mit den wichtigsten Kommunikationsgesten eures Hundes vertraut zu machen. Das optische Ausdrucksverhalten umfasst Gestik und Mimik und macht einen großen Teil der Kommunikation der Hunde aus. Gestik ist der Körperausdruck des Hundes, wie z.B. dessen Haltung, die Kopf- und Rutenhaltung und die Rutenbewegung. Unter Mimik versteht man den Gesichtsausdruck des Hundes, z.B. Aktionen der Lefzen und Ohren.

I Kurz & Knackig

Wichtige Ausdrucksmittel sind Kopf und Augen, Stirn, Ohren, Schnauze, Rute, Körperspannung und Rückenhaare. Allerdings sagen sie immer nur etwas im Gesamtbild über die tatsächliche Stimmung des Hundes aus. Ein noch häufiges Missverständnis ist die Behauptung: Hunde, die mit dem Schwanz wedeln, freuen sich. Das ist nicht wahr. Schwanzwedeln bedeutet erst einmal nur, dass der Hund zu einer Interaktion bereit ist. Diese kann freundlich sein, genauso aber auch in Aggressionen münden.

I Kurz & Knackig

Unsere Hunde sprechen anders als wir Menschen – Hunde sprechen mit ihrem Körper und ohne Worte. Dabei wird das gesamte körperliche Ausdrucksverhalten mit in die „Gesprächs-Analyse" gesteckt und dient der Kommunikation zum richtigen Verständnis. Bei der analogen Kommunikation werden folgende Punkte mit beachtet:

- Gestik
- Mimik
- Gesichtsausdruck/Display
- Augen, Ohren, Haut, Haare, Nase – sprich alle Sinne
- Stimmmodulation
- Stimmung des Gegenübers
- Berührungen

Anhand der Aufzählung bemerkt Ihr recht schnell, dass es sich bei der analogen Kommunikationsform um eine Kommunikation der Wahrnehmung und der Emotionen handelt. Diese Form der Kommunikation geht wesentlich tiefer als die sprachliche Kommunikation, die wir Menschen benutzen: nämlich das gesprochene Wort.

Der neutrale/aufmerksame Hund

Mit neutral ist gemeint, dass sich der Hund in seinem Gleichgewicht befindet und entspannt ist.

Sein gesamter Körper ist relaxed, die Rute hängt locker herab, der Blick ist nicht fixierend, sondern eher gelassen. Glatte Gesichtszüge sind zu erkennen und das Gewicht auf den gesamten Körper gleichmäßig verteilt.

Der neutrale/aufmerksame Hund.

Nach dem Motto der Kosten-Analyse kann man sich gut vorstellen, dass der Körper auch keine zusätzliche Energie in äußere Haltung verschwendet, wenn kein Grund vorliegt. Durch unsere vielen verschiedenen Hunderassen und daraus entstandenen Mischlinge sehen natürlich alle Hunde anders aus. Hunde mit Stehohren können diese nicht zusammenklappen, wenn sie entspannt sind und halten diese weiterhin oben. Daher sollte man sich immer mit dem individuellen Hundetypen befassen, um ihn richtig zu interpretieren.

Das Imponierverhalten

Beim Imponierverhalten ist es für den Hund wichtig, zu zeigen, was er hat. Nach dem Motto „Schöner – Größer – Toller" wird er all seine Energie in die Repräsentation nach außen stecken, um seinen Artgenossen zu zeigen, wie präsent er sein kann.

Ein Hund ist in der Lage, mit seinen Zähnen dem anderen schwerste Verletzungen zuzufügen. Das machen Hunde allerdings nur äußerst selten. Viel häufiger setzen sie ihre Waffen sehr sparsam und dosiert ein. Fachleute sprechen dann davon, dass das Aggressionsverhalten „gehemmt" ist, weil der Hund nicht in vollster Intensität zubeißt.

Das Imponierverhalten.

Die allermeisten Auseinandersetzungen treten in gehemmten Formen auf, um das Risiko zu minimieren, Artgenossen unnötig zu verletzen. Imponieren ist die niedrigste Stufe des gehemmten aggressiven Verhaltens. Imponierverhalten demonstriert die eigene Stärke, zunächst in abwartender Haltung, verbunden mit latenter (unbewusster) Angriffsbereitschaft.

Gegenüber dem anderen Geschlecht soll es häufig anziehend, dem gleichgeschlechtlichen Rivalen gegenüber soll es abweisend oder einschüchternd wirken. Das Imponierverhalten enthält dabei keine direkten Anzeichen für einen Angriff.

Die wichtigsten Anzeichen für das Imponierverhalten:

- Größe zeigen: Alle Gliedmaßen sind gestreckt
- Körper richtet sich hoch, Kopf hoch gehalten (Stirn bieten)
- Ohren leicht nach vorn geneigt
- Nackenfell ist gesträubt
- Schwanz im Bogen nach oben gehalten (reines Imponieren). Hier kann es auch zum schnellen Wedeln mit kleinem Radius kommen (in diesem Fall drückt das keine Freude aus!).
- Schwanz wird im Bogen noch steiler getragen oder waagerecht gehalten (Angriffstendenz).
- Haare können im Rücken und Nackenbereich leicht aufgestellt sein.
- Stark gehemmte Bewegungen (steifer, hölzerner Gang) und der abgewandte Blick sind deutliche Zeichen für die mit einer Angriffstendenz gekoppelte Vorsicht.

Dies verhindert in der Regel, dass sich aus einer derartigen Situation ein Ernstkampf entwickelt. Häufig folgt ein Angriffsdrohen.

Es gibt einseitiges Imponieren, bei dem nur der Ranghöhere imponiert, und es gibt gegenseitiges Imponieren zweier fast gleichrangiger Hunde.

Was sonst noch zum Imponierverhalten gehört:

- Imponierscharren - wird vor allem von selbstbewussten Rüden nach dem Markieren ausgeführt

- Aufreiten und Aufreitversuche
- Pfote auf den Rücken des anderen legen
- Paralleles Nebeneinanderlaufen mit Abdrängtendenz
- Hinterkörper gegen den anderen drücken und Hals darbieten
- T-Stellung

I Kurz & Knackig

T-Stellung - zwei Hunde bilden ein T. Der Hund, der den Querbalken des T darstellt, verstellt dem anderen den Weg und imponiert damit.

Eine weitere Körperhaltung und somit Stimmung, die wir bei unseren Hunden erkennen sollten, ist die unsichere Körperhaltung.

Der unsichere Hund

Unsichere Hunde tragen

- die Rute tief.
- Das Gewicht liegt mehr auf den Hinterbeinen.
- Alle Ausdruckselemente weisen möglichst von der furchtauslösenden Situation/Person weg.
- Die Ohren sind dementsprechend zurückgezogen.
- Die Gesichtshaut ist glatt.
- Bei manchen Hunden stellen sich die Haare auf dem gesamten Rücken auf.

Der unsichere Hund.

Diese Unsicherheit kann sich bis zum Angstverhalten steigern. Biologisch gesehen ist Angstverhalten ein Schutz vor Bedrohungen und damit eine Überlebensstrategie für das Tier. Die Körperhaltung ähnelt der des Fluchtverhaltens:

- Das Tier macht sich klein, indem es die Gelenke beugt.
- Der Hals wird eingezogen.
- Der Kopf wird niedrig gehalten.
- Die Rute wird unter den Bauch gezogen.
- Die Ohren sind, soweit die Rasse es zulässt, an den Nacken gelegt.
- Die Maulwinkel werden mit zunehmender Angst zunehmend zurückgezogen.
- Die Mimik fällt durch große Augen und geweitete Pupillen auf.
- Die Gesichtshaut ist weit möglichst geglättet.

Der defensiv drohende Hund

Meistens zeigt der Hund eine soziale Unsicherheit und/oder beginnt den Rückzug bei voller Verteidigungsbereitschaft. Nach dem Motto: „Angriff ist die beste Verteidigung" zeigt der

Hund die entsprechend passende Mimik und Gestik:

Der defensiv drohende Hund.

- Ausdruck entgegengesetzt dem offensiven Drohen.
- Hoher Angstanteil beim Drohen.
- Lange, spitze Mundwinkel.
- Zähne gebleckt bis in den Backenbereich.
- Ohren eng angelegt.
- Das Gewicht liegt auf den Hinterbeinen, um auch die Flucht einschlagen zu können, sobald es geht.

Der sichere und sicher drohende Hund

Der weiß, was er hat und was er kann! Auch diese Stimmung solltet ihr richtig interpretieren können und wissen, dass ein Hund, der sich euch offensiv nähert, auch tatsächlich für euch oder euren Hund eine Gefahr darstellen könnte. Der Hund ist sich seiner Stärke in diesem Moment bewusst und setzt diese ein. Erkennen könnt ihr das an folgenden optischen Mustern:

Der sichere und sicher drohende Hund.

- Das Körpergewicht des aufrecht gehenden Hundes verlagert sich auf die Vorderbeine.
- Der Blick ist klar und sucht Kontakt zum Gegner, ohne ihn zu fixieren.
- Die Ohren sind nach vorn gerichtet.
- Die Gesichtshaut ist leicht angespannt.
- Die Maulspalte ist etwas verkürzt.
- Der Hund trägt die Rute hoch oder bewegt sie in erhobener Position locker hin und her.

Je wichtiger nun ein Spielzeug, eine Futterschüssel, ein Liegeplatz etc. für ihn ist und umso sicherer er sich in seinem Verhalten ist, desto mehr wird er sein optisches Ausdrucksverhalten anpassen und optisch noch „offensiver" werden.

I Kurz & Knackig

Hunderassen mit langem Fell sind insofern benachteiligt, weil man nicht sofort alle Nuancen des Körpers lesen kann – ein Berner Sennenhund kann das lange Nackenfell nicht hochstellen, zumindest nicht sichtbar erkenntlich. Dadurch erkennt man einiges nicht, interpretiert zu schnell, hat ein verlangsamtes Timing und Probleme können vorprogrammiert sein.

Wenn wir aber gerade schon über Aggressionen sprechen:

Was sind eigentlich Aggressionen? Aggressionen werden in unserer Gesellschaft meist als etwas Negatives dargestellt. Davon müsst ihr euch im Hundetraining frei machen (vgl. den Fall „Bona"). Vielmehr dienen Aggression der Kommunikation – wie sollte uns ein Hund sonst mitteilen, dass er etwas nicht möchte? Wenn er keine Aggressionen zeigen könnte, wäre er auch nicht (über)lebensfähig!

Verhaltensbiologisch betrachtet sind Aggressionen ein unverzichtbares Verhalten, das dem Selbstschutz, dem Territorialverhalten, der Brutpflege, dem Sexualverhalten und auch Verhaltensweisen aus vielen anderen Funktionskreisen dient.

I Aus dem Nähkästchen geplaudert

Wir hatten eine Kundin, die uns mit ihrem Yorkshire Terrier „Bona" besuchte. Die Kundin besaß den Hund bereits seit acht Jahren und „Bona" war immer freundlich zu jedem Menschen und jedem Hund. Seit einigen Monaten jedoch machte sie ihrer Halterin Kummer, denn „Bona" biss – sowohl Menschen als auch andere Hunde. Die Halterin und auch wir konnten trotz intensiver Betrachtung des Problems von allen Seiten zuerst keine Ursache feststellen. Auch eine tierärztliche Untersuchung gab keinen Aufschluss. Wir filmten Bona schließlich über mehrere Tage und dann fiel es wie Schuppen von den Augen. „Bona" hatte immer einen Pony – und das über Jahre, sie war es gewohnt, durch einen Vorhang zu gucken. An den Tagen, an denen sie gebissen hatte, hatte ihr Frauchen ihren Pony hochgesteckt und sie hatte freie Sicht. Das hat sie so verunsichert, dass sie nach dem Motto - Angriff ist die beste Verteidigung - ihre Umwelt dazu angeregt hat, auf Abstand zu bleiben. Hier könnt ihr erkennen, wie sensibel Hunde auf Veränderungen der kleinsten Art reagieren und welche Unsicherheit diese auslösen können. „Bona" hat dennoch ihrer Natur entsprechend mit einem gesunden Verhalten reagiert.

I Kurz & Knackig

Ziel eines jeden Hundes ist es, seine individuelle Fitness zu stärken und somit seinen Genpool weiterzugeben. Dazu bedarf es auch Aggressionen. Ohne wäre dieses nicht möglich.

Der Begriff Aggression ist nicht einheitlich definiert, sondern umfasst verschiedene Verhaltensweisen, die ein Lebewesen direkt oder indirekt, körperlich oder seelisch schädigen. Er ist abgeleitet vom lateinischen Wort „aggredior" mit der Bedeutung: an etwas herangehen, sich nähern. Im biologischen Zusammenhang geht es um den Erhalt von Handlungsspielräumen bei Tieren in geschlossenen Gruppen mit hierarchischer Ordnung. Dazu gehören auch Wölfe, Hunde und Menschen (vgl. Feddersen-Petersen „Hundepsychologie").

Wenn Hunde Aggressionen zeigen, hat das immer eine bestimmte Ursache!

Aggressive Kommunikation ist eine besonders abgestufte und differenzierte Form der Kommunikation. Sie reicht vom Imponieren über ersten Drohsignale und Schaukämpfe bis hin zum Ernstkampf. Diese Abstufungen sind sinnvoll, um zu verhindern, dass ein Konflikt auch das Ende des Zusammenlebens bedeutet, was die Bildung sozialer Gruppen unmöglich machen würde.

Die in der Intensität fein abgestuften Drohsignale ermöglichen den Beteiligten der Auseinandersetzung, die eigenen Aussichten im Konfliktfall realistisch einzuschätzen und ggf. rechtzeitig aufzugeben.

I Kurz & Knackig

Was ist denn nun ein gefährlicher Hund? Der Begriff „gefährlicher Hund" sollte immer rasseneutral für einen einzelnen Hund verwendet werden, geeignete Merkmale dafür sind „der Situation nicht angemessenes Aggressionsverhalten, Angriffe und ungehemmtes Beißen von Sozialpartnern und anderen Tierarten".

I Kurz & Knackig

Wie sieht es eigentlich mit Dominanz aus? Täglich erreichen uns E-Mails und Anrufe, dass Hundehalter angeblich Hunde haben, die „dominant" sind. Jetzt muss man allerdings differenzieren. Es gibt nicht „den dominanten Hund". Hund A kann ich einer Situation Hund B gegenüber dominieren. Einige Stunden später können beide Hunde einer neuen Situation ausgeliefert sein, in der wiederum Hund B Hund A gegenüber dominiert. Auch könnte sich ein Hund C integrieren und die Karten könnten neu gemischt werden.

Aggression tritt auch auf, wenn das Unterschreiten eines Mindestabstands, der sogenannten kritischen Distanz, zum Gefühl der Ausweglosigkeit führt. Bei versperrtem Fluchtweg gehen Tiere dann in vielen Fällen zum Gegenangriff über.

Im Alltag kennt man den Begriff des „Angstbeißers". Die Entwicklung eines Hundes zum Angstbeißer kann verhindert werden, indem z.B. Stadthunde früh lernen, dass volle Räume und Verkehrsmittel keine Gefahrensituation darstellen – und Kinder frühzeitig lernen, dass auch ein Hund ein Recht auf Distanz und einen Ruheplatz hat. Denn somit hat der Hund immer eine Fluchtmöglichkeit – und warum sollte er dann angreifen?!

I Info

Der kleine Wilde!
Gerne springen Hunde hin und wieder andere Passanten an. Dies bedeutet nicht, dass sie eine Aggression zeigen. Der Grund für das Anspringen liegt meistens in einer Spielaufforderung oder einer intensiven Begrüßung. Diese Hunde sollten allerdings lernen, Menschen anders zu begrüßen, indem sie dabei z.B. mit allen vier Pfoten auf dem Boden bleiben.

I Kurz & Knackig

Wir Menschen sind ein wichtiger Faktor bei der Entstehung von unangebrachtem Aggressionsverhalten. Sozialer Stress und soziale Stimmungsübertragung, die durch Menschen auf den Hund einwirken, verstärken die hundliche Aggressivität ebenso wie eine gerade darauf gerichtete Zuchtauslese.

I Kurz & Knackig

- Aggressionen sind notwendig zur Kommunikation.
- Zu Aggressionen gehört die Gesamtheit des Imponier-, Droh- und Angriffsverhaltens.
- Aggressionen dienen
  - der Selbstverteidigung
  - dem Schutz der Nachkommen
  - dem Wettbewerb
  - der Aufteilung von Ressourcen
  - der Regulation von Beziehungen zwischen Artgenossen, Menschen und Umwelt

Da alle Handlungen des Droh- und Angriffsverhaltens zu den Aggressionsformen gehören, gibt es hier auch eine große Palette von Verhaltensweisen. Es beginnt mit einem fließenden Übergang vom Imponieren über das Drohen bis hin zum beabsichtigten Beschädigungsbeißen (ungehemmter Angriff). Diese Art des Beißens ist die stärkste Aggressionsform beim Hund und kann mit dem Tod des Rivalen enden.

I Kurz & Knackig

Bereits Vokalisation, Knurren und Bellen zählen zum Aggressionsverhalten!

I Kurz & Knackig

Hunde können durch die Gemeinde als gefährlich eingestuft werden, wenn sie eine übermäßige Aggressivität zeigen. Sollte dies so sein, ist es dringend Zeit für ein Training bei einem guten Hundetrainer!

Nach dem Motto: „Immer nur so viel wie unbedingt nötig, aber so viel wie möglich". Deshalb werden Aggressionen auch nur in der Intensität gezeigt, wie sie zum Erreichen des Zieles notwendig sind.

Achtung! Hier gibt es Ausnahmen. Diese Ausnahmen nennt man den „hemmungslosen Angriff". Dieser zeichnet sich dadurch aus, dass unter Umständen keine (oder kaum sichtbare) Vorzeichen zu bemerken waren, vor allem aber ohne Hemmung angegriffen wird.

Bei Wölfen kommt es in seltenen Fällen zu hemmungslosen Kämpfen, vor allem aber bei:

- Territorialverteidigung
- Ablösung eines sehr ranghohen Tieres
- Ranghohe Hündin in der Läufigkeit gegenüber anderen Hündinnen
- Verteidigung von Welpen und Jungtieren (Maternale Aggression)

I Info

Was tun bei Aggressivität?
Zeit für einen guten und spezialisierten Hundetrainer wird es, wenn ihr merkt, dass euer Hund aggressives Verhalten zeigt, welches ihr nicht mehr lenken könnt. Ihr solltet frühzeitig gegensteuern, wenn euer Hund vermehrt und in bestimmten Situationen Aggression zeigt. Beispielsweise, wenn sich euer Hund nicht mehr anfassen lassen will, andere Menschen und Tiere auf Distanz halten möchte usw.

Merkmale des hemmungslosen Angriffs

In diesen Fällen wird hemmungslos, ohne jede Vorwarnung angegriffen und mit aller Kraft gebissen. Es fehlen alle optischen und akustischen Ausdruckselemente der gehemmten Aggression.

- kein Wutgesicht
- kein Zähneblecken
- keine gesträubten Nackenhaare
- kein steif nach oben gehaltener Schwanz
- kein Knurren – ein lautloser Kampf

Nur am Verhalten selbst erkennt man die Stimmung. Dem Ausdrucksverhalten fehlt jede Beimischung von Drohen oder Imponieren. Es geht nicht mehr darum, den Rivalen einzuschüchtern oder zu beeindrucken: Es geht nur noch darum, den anderen zu verletzen. Es wird jetzt auch in Beine, Pfoten und Bauch gebissen. Diese Bereiche sind im gehemmten Angriff immer noch Tabuzonen. In der ungehemmten Aggression will der Aggressor nur noch verletzten. Ob eine Tötungsabsicht besteht, ist zwar wissenschaftlich nicht geklärt, der Tod des anderen wird jedoch in Kauf genommen.

Bei Wölfen in freier Wildbahn kommt der ungehemmte Angriff äußerst selten vor.

Natürlich gibt es keine wirklichen Hemmzellen im Gehirn des Hundes. Dieser Begriff soll nur der Visualisierung dienen.

Ein Hund zeigt unterschiedliche Agressionsintensitäten, die aufeinander aufbauen.

Um nur so viel Aggressionsintensität freizusetzen, wie in diesem Augenblick nötig ist, benötigen Hunde viele verschieden abgestufte Aggressionsintensitäten. Je nach Aktion bzw. Reaktion des anderen wird eine weitere „Hemmzelle" weggeschoben, um die nächste höhere Aggressionsintensität zuzulassen oder es wird wieder eine eingerastet, um die Intensität der Aggression wieder zu mindern.

Aggressionen können sich also aus dem Imponierverhalten bis in den ungehemmten Angriff steigern. Keine Sorge! Alle Hunde möchten ihr eigenes Leben schützen und keiner zeigt nur „zum Spaß" Droh- oder Angriffstendenzen, die in dieser Situation unangemessen sind.

Und so kommt der Hund wieder raus aus der Nummer – Unterwerfung!

Eine gute Nachricht ist jedoch, dass der Hund auch aus jeder Drohstufe / Angriffsstufe wieder herauskommt: wie z.B. durch passive Unterwerfungsgesten. So kommuniziert er seinem

Um die angeheizte Stimmung wieder aufzulockern, unterwirft sich einer der beiden Streithähne.

Gegenüber die Unterwerfung und signalisiert die Beendigung des Kampfes. Wie zuvor beschrieben, ist dies ein Verhalten, welches Hunde bereits in den ersten Tagen als Welpen lernen. Die Mutterhündin leckt den Welpen den Bauch, um den Magen-Darm-Trakt zur Verdauung anzuregen. Diese Haltung dient später der passiven Unterwerfung – ein Verhalten, was der Welpe bereits früh und damit sicher erlernt. Der unterwerfende Hund verhält sich still, der Kopf ist vom anderen abgewendet und er versucht keinen Kontakt aufzunehmen. Manchmal verliert er in dieser Situation auch ein paar Tröpfchen Urin.

Und was wir Hundehalter tun können / müssen

Jetzt mal Hand aufs Herz: Am liebsten wünschen sich Hundehalter, dass der Hund das von selbst reguliert bzw. Aggressionen erst gar nicht zeigt. Wir hatten einmal einen Kunden, der mit der Bitte zu uns in das Training kam, dass wir seinem Hund das Knurren abgewöhnen. Kein Problem – ABER dann beißt er beim nächsten Mal sofort! An diesem Beispiel könnt ihr gut erkennen, dass man nicht nur am Verhalten des Hundes, sondern vor allem an seinen Gefühlen arbeiten sollte.

Wie bereits weiter oben angesprochen, können die Aggressionen eines Hundes noch gefördert werden, indem schlechte Stimmung, wechselhafte Launen und falsches Verhalten einwirken. Ebenso können zu viel Druck und unbewusste Bestätigung – sowohl im Alltag als auch im Training – diese noch begünstigen.

Um Aggressionen zu mindern, hilft es:

- Situationen richtig einzuschätzen und wachsam in möglichen Konfliktsituationen zu sein – das bedeutet auch ganz praktisch gesprochen, wenn Konflikte vermieden werden sollen, den Abstand zum „Feind" vergrößern und in eine andere Richtung gehen. Am besten frühzeitig!

- Seid immer ehrlich zu euch selbst: Wächst euch eine Situation über den Kopf, solltet ihr dieses Problem schnellstmöglich in „Angriff" nehmen und euch durch einen professionellen Hundetrainer coachen lassen. Je eher ihr loslegt, umso schneller ist das Problem beseitigt.

- Anhand der oben eingefügten Bilder könnt ihr das Aggressionsverhalten schneller erkennen und durch Training vorbeugend reagieren. Ihr wünscht euch, dass euer Hund „Sitz!" machen soll, anstatt beim Anblick eines anderen Hundes in die Leine zu preschen? Das kann er aber nur umsetzen, wenn er genau weiß, was „Sitz!" bedeutet und ihr als Hundehalter auch die entsprechende Stimmung dazu habt: freundlich und konsequent!

Häufige Probleme und ihre Ursachen

Die territoriale Aggression beim Hund hat meistens Angst als Motivator.

Ihr solltet wissen, dass Hunde nicht einfach aggressiv sind, sondern ihre Aggressionen zielgerichtet einsetzen:

Klassische Hund-Mensch-Probleme im Aggressionsbereich sind:

Probleme mit dem Hund!

Territoriale Aggressionen

(Aggression zur Verteidigung eines Territoriums, Wachhund-Verhalten)

Definition:

Die territoriale Aggression dient der Verteidigung des Lebensraumes gegen Artgenossen. Menschen werden in dieses Denken mit aufgenommen und als Artgenossen behandelt. Diese Aggression wird durch die Angst motiviert, Nahrungsgrundlage und andere wichtige Ressourcen zu verlieren.

Symptome:

- Es werden Orte und Plätze unterschiedlicher Größe bewacht. Räumlich kleine, höhlenartige Liegeplätze von der Hunde-Transportbox bis zum PKW werden defensiv verteidigt. Ebenso werden Häuser und ganze Grundstücke entlang der Grundstücksgrenzen verteidigt.
- Distanzierungsaggression – Menschen oder andere Artgenossen sollen sich fernhalten.

Besonderheiten:

- Bei der territorialen Aggression ist beabsichtigtes Beschädigungsbeißen zwar selten, aber dennoch nicht krankhaft, sondern kann zum normalen Verhalten zählen!
- Die häufigste Aggressionsäußerung ist wütendes Bellen und Knurren.
- Übersteigerte territoriale Aggression kann sich auch gegen die eigenen Halter richten. Bekannt sind die Geschichten von Rauhaardackeln und anderen Hunden, die ihre Halter nach dem Einkauf nicht mehr ins Auto lassen wollten. Diese Aggression ist defensiv.
- Wachende Hunde können zwar sehr aggressiv sein, sind aber nicht unbedingt selbstsicher. Diese Aggression ist in erster Linie angstinduziert: Der Hund macht sich Sorgen um seine Ressource „Territorium". Hunde, welche sich darum keine Sorgen machen, brauchen auch nichts zu verteidigen.
- Vermischungen mit Selbstschutzaggression oder Verteidigung von Familienmitgliedern (Nachwuchs) kann sehr leicht vorkommen.
- Bei einsetzender Dämmerung steigert sich das Wachverhalten.
- Verschiedene Rassen entwickeln selbst auf Spaziergängen auf immer gleichen Wegen das Gefühl eines Territoriums. Hier wird das Territorium mit der Sichtweite des Hundes gleichgesetzt. Viele Herdenschutzhunde würden sich zum Beispiel denken: „Soweit ich gucken kann ist alles meins!"

Ursachen:

- Genetisch bedingte Veranlagung
- Beliebte Ersatzbeschäftigung bei unterforderten Hunden

Was tun bei ungewünschter territorialer Aggression?

- Es gibt einige verstärkende Faktoren (z.B. unbewusste Bestätigung). Wenn man diese beseitigen kann, hat man gute Chancen auf Besserung des Problems.
- Halter wissen z.T. sehr wenig über diese Aggressionsgründe. Die Erklärung des Verhaltens und die Verdeutlichung, wie der Hund Unterscheidungen trifft und warum sich diese von denen der Halter unterscheiden, sind oft sehr hilfreich – daher sollte ein professioneller Hundetrainer eingeschaltet werden.
- Geistige und körperliche Auslastung des Hundes
- Neue Rituale einführen, wenn Besuch empfangen wird.
- Wegsperren – aus Sicherheitsgründen, denn weder der Hund noch der Besuch sollen schlechte Erfahrungen machen.
- Kennelboxtraining
- Sichere Ecke

Jagdverhalten

wird auch genannt:

- Raubtierhafte Aggression
- Jagdverhalten
- Beutefangverhalten

Jagdverhalten dient nicht der Kommunikation, sondern gehört zum Funktionskreis der Nahrungsbeschaffung. Es gehört fachlich gesehen nicht zu den „Aggressionen"!

Jagdverhalten des Hundes ist für viele Hundehalter ein Störfaktor.

Man versteht unter Jagdverhalten die Bereitschaft, eine „Beute" zu verfolgen, zu fangen, zu verletzen und auch zu töten und zu fressen. Wobei oft nur einzelne Elemente des Jagdverhaltens auftreten und nicht immer alle Komponenten umgesetzt werden müssen.

Symptome:
Auslöser ist meistens ein Beuteverhalten wie fliehen, flattern, schreien, stürzen, zappeln, ruckartige Bewegungen. Manchen Hunden ist es dabei egal, ob es sich um Tiere, Spielzeug, Menschen oder auch praktisch nicht jagdbare (zu fangende) Objekte handelt, wie z.B. einen LKW oder einen fliegenden Vogel.

- Verfolgen
- Festhalten
- Töten
- Fressen

Ursache:

- Genetische Veranlagung
- Frühzeitige Förderung (bewusst oder unbewusst)
- Langeweile und mangelnde Auslastung

Jetzt wisst ihr zwar, woher das Jagdverhalten kommt, aber noch nicht, wie ihr es bei eurem Hund wieder loswerden könnt. Das ist auch gar nicht so einfach. Aufgrund der genetischen Komponente werdet ihr den Jagdtrieb nicht unterbinden können, denn auch wir ändern unser Geschlecht nicht, nur weil wir denken, dass das andere Geschlecht es einfacher hat.

Ihr könnt jetzt aber versuchen, die Energie eures Hundes umzulenken. Dabei geht es darum, dass er das Alternativ-Verhalten zeigt, was ihr euch wünscht. Ihr solltet in der Lage sein, euren Hund in jeder Situation sicher abzurufen. Egal, ob er sich gerade entschieden hat, dem Wild, dem Jogger oder dem Fahrrad hinterherzujagen. Er soll IMMER schnellstmöglich zu euch zurückkommen. Dazu sollte aber auch das gesamte Training so gestaltet werden, dass euer Hund keine Schlupfmöglichkeiten hat. Die Anleitung dazu gibt es für euch in Kapitel 3.

Gleichzeitig müsst ihr auch für eine zusätzliche und vor allem gute Auslastung sorgen. Denn je ausgelasteter euer Hund ist, desto eher verliert er die Lust und die Motivation, seinem Jagdtrieb nachzugehen. Ebenso fördert ihr durch tägliche, kleine Trainingseinheiten und den GEMEINSAMEN Spaziergang die Bindung zueinander.

Seid präsent! Denn mal ganz ehrlich: Oft ertappt man sich doch dabei, dass man sich während der Gassi-Runde darüber freut, endlich einmal den Kopf freizubekommen. Man ist bereits in der Planung für das Abendessen oder bei Projekten, die in der Zukunft liegen.

Seid ihr im Hier und Jetzt? Ihr vielleicht nicht – euer Hund schon!

Er denkt nämlich: „Klasse, wir gehen spazieren – das bedeutet WIR gehen GEMEINSAM auf die Jagd!" Einen anderen Grund hat der Spaziergang für ihn nämlich nicht wirklich. Das solltet ihr überdenken und viele kleine Spiel-, Spaß- und Trainingseinheiten mit in die Route einbauen, sodass ihr spannend für euren Hund bleibt.

Hat man einen Jagdhund, sollte er gut beschäftigt werden. Kurse in der Hundeschule überzeugen mit tollen Angeboten wie Dummyarbeit, Agility, Longieren, Schnüffel- und Nasenarbeit usw. Ihr solltet auf eine gute Mischung aus kognitiver (geistiger) und körperlicher Auslastung achten, sodass eure Hunde abends zufrieden und ausgelastet sind.

Bei Hunden setzt der Jagdtrieb ca. ab dem 6. Monat ein. Dennoch sollte auch zuvor trainiert werden, dass ihr schnell die Aufmerksamkeit des Hundes bekommen und diese mit einem Signal (Kommando) verknüpfen könnt. Am besten von Anfang an, denn Vorsorge ist besser als Nachsorge.

Wenn euer Hund nicht alleine bleiben will

Viele Hunde leiden darunter – häufig ist es jedoch ein Thema, das tabuisiert wird: trennungsbedingte Störungen.

Dieses Problem kennen die meisten Hundehalter nur zu gut. Viele Hunde bleiben nur sehr ungern alleine. Allerdings sollte das Problem nicht verallgemeinert, sondern die Ursachen gefunden werden. Für euch als Hundehalter bedeutet es, dass ihr wissen solltet, warum euer Hund nicht gerne alleine bleibt. Es gibt drei Hauptursachen, an denen ihr euch orientieren könnt:

Viele Hunde und auch Hundehalter leiden darunter – das Alleinbleiben!

1. Trennungsangst/Isolationspanik

Der Hund erleidet wirkliche Ängste – die auch bis zur Todesangst führen können – wenn der Hundehalter nicht zu Hause ist. Jedes Alleinbleiben verschlimmert sein Verhalten. Ihr erkennt Isolationspaniken unter anderem an Urin- und Kotabsatz. Deutliche körperliche Stressanzeichen sind in der Phase vor, während und nach dem Alleinbleiben deutlich sichtbar - wie: Hecheln, Haaren, Unruhe usw.

2. Langeweile

Eigentlich ist eurem Hund „nur" langweilig und eventuell ist er einfach nicht richtig ausgelastet. Der Hund bedient sich während eurer Abwesenheit ggf. an der Inneneinrichtung. Er reißt Gardinen herunter, zerstückelt Möbel, zernagt den Teppich oder überfällt den Mülleimer. Euer

Hund hat sich dadurch ausgelastet, aber ihr seid einfach nur genervt und unglücklich mit dieser Situation.

3. Erlerntes Verhalten

Ihr geht aus der Haustür und hört euren Hund jaulen. Da ihr eventuell euren Regenschirm in der Wohnung vergessen habt, geht ihr noch einmal zurück. Euer Hund denkt jedoch nicht über den Schirm nach, sondern hat nur einen von euch ungewollten Lerneffekt: „Jaule ich, so kommt Herrchen/Frauchen zurück!". Wiederholen sich solche ungewollten Bestätigungen, prägt sich euer Hund sein Verhalten als logisch und richtig ein. Folglich wird er das Jaulen verstärkt einsetzen, um euch wieder in die Wohnung zurückzurufen

I Info

Das „Alleinbleiben" frühzeitig üben!
Der Hund kann sogar in der sozial sensiblen Phase lernen alleine zu bleiben. Beginnt das Training, indem ihr euren Hund täglich erst ein paar Sekunden bis hin zu mehreren Minuten alleine lasst. Schenkt eurer Handlung keine Beachtung und zeigt ihm von Anfang an, dass „Alleinbleiben" zukünftig dazu gehört!

Habt ihr erst einmal die Ursachen gefunden und wisst, warum euer Hund nicht alleine bleiben möchte, gibt es viele tolle Lösungsansätze, die zum Erfolg führen! Da die Facetten jedoch von Langeweile bis hin zu richtigen Verhaltensauffälligkeiten führen können, ist es ratsam, hier zwei bis drei Stunden in einen guten Hundetrainer zu investieren, der genau nach den Ursachen unterscheiden und analysieren kann.

Hier ein paar kleine Tipps, die eurem Hund mit Sicherheit gut tun werden:

- Ihr solltet euren Hund von Anfang daran gewöhnen, dass ihr das Haus verlasst. Zuerst nur für einige Sekunden. Klappt das ohne Probleme, steigert ihr langsam die Zeitintervalle.
- Je häufiger ihr das am Tag trainiert, umso eher wird die Situation für euren Hund als „normal" interpretiert.
- Schenkt eurem Hund, bevor ihr das Haus verlasst und nachdem ihr zurückgekommen seid, erst einmal keine Beachtung. Quasi so, als wäre er gar nicht da.
- Euer Hund sollte ebenso lernen innerhalb der Wohnung von euch getrennt zu sein. Übt das regelmäßig!
- Jault euer Hund, heißt es abwarten und wenn möglich nicht zur Tür herein kommen (siehe Punkt 3 „Erlerntes Verhalten") – danach die zeitlichen Trainingssequenzen wieder etwas verkürzen, solange, bis es wieder klappt.
- „Schlüsselreize" ausnutzen. Den Schlüssel hebt ihr meistens an, wenn ihr das Haus verlasst. Somit ist dies ein sicheres Zeichen für euren Hund, dass es bald losgeht. Das heizt ihm natürlich im Vorfeld ein bzw. hebt bei Hunden, die nicht alleine bleiben können, den Stresspegel unnötig an. Ihr solltet daher das Ritual unterbrechen. Das gelingt euch, indem ihr den Schlüssel (ebenso wie Jacken, Mäntel usw.) mehrfach anhebt und wieder belanglos weglegt, ohne dabei den Schlüssel oder gar den Hund zu beachten.

Kurz & Knackig

Hunde leben in einer Gemeinschaft und brauchen deshalb ihren Sozialpartner Mensch und den regelmäßigen Kontakt zu Artgenossen!

Hinweis

Um Hunde an etwas zu gewöhnen, macht es Sinn, mit einer Desensibilisierung zu arbeiten. Das ist eine langsame Annäherung an den Reiz. Dabei nähert man sich in so kleinen Trainingsschritten, dass ein mögliches Angst- oder Meideverhalten ausbleibt.

Gesundheit

Gesundheit geht uns alle an!

Und gerade die Gesundheit unseres Hundes sollte uns am Herzen liegen.

Nicht nur für viele Hunde, sondern auch für die meisten Hundehalter ist der Tierarztbesuch eine Qual. Doch das muss nicht sein. Denn ein gezieltes Tierarzt-Training bereitet euch und euren Hund darauf vor, dass diese Termine entspannt und ohne Komplikationen ablaufen können.

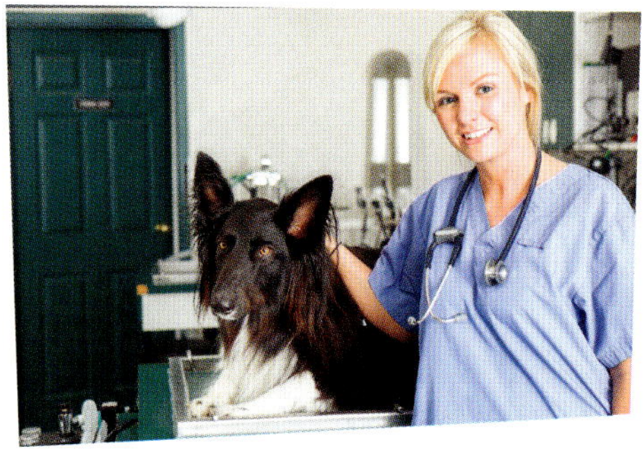

Gesunder Geist in einem gesunden Körper – das gilt auch für Hund!

Für viele Hundehalter als auch für die Hunde selbst ist es ein Grauen, zum Tierarzt zu gehen. Durch Tierarzttraining könnt ihr eure Hunde von klein auf trainieren.

Kurz & Knackig

Nicht nur zu Tierarztzwecken lohnt es sich zu trainieren, dass sich der eigene Hund überall anfassen lässt, sondern auch, um die soziale Bindung zu ihm zu verbessern!

Dazu solltet ihr dem Hund beibringen, dass er sich überall anfassen lässt:

- Anfassen am Bauch
- Pfotenballen
- Öffnen der Schnauze und Zähne zeigen lassen
- Begutachtung der Schleimhäute
- Ohrenkontrolle.
- Lefzen anheben
- Anfassen am ganzen Körper.
- Steigerung wäre: den Hund entspannt hoch heben zu können

Vorbereitende Maßnahmen sind:

Durch langsame Desensibilisierungsschritte den Hund daran zu gewöhnen, dass er sich überall anfassen lässt. Im Übrigen ist das auch eine häufig durchgeführte Übung in der praktischen Prüfung des Hundeführerscheins, da diese Übung sehr viel über die Mensch-Hund-Beziehung aussagt.

I Info

Achtet auf Anzeichen eures Hundes!
Ihr solltet unbedingt einen Tierarzt aufsuchen, wenn die Gesundheitswerte außerhalb der Norm sind und euer Hund durch z.B. Erbrechen, Durchfall oder Unruhe zeigt, dass es ihm nicht gut geht.

Physiologische Daten des Hundes

Die wichtigsten Daten, die Ihr bei jedem Hund erkennen und wissen sollten sind:

Atemfrequenz des Hundes im Ruhezustand	10 – 30 Atemzüge pro Minute
Der Puls eines Hundes im Ruhezustand	70 – 130 Schläge pro Minute
Der Puls eines kleinen Hundes im Ruhezustand	bis zu 180 Schläge pro Minute
Der Puls eines Welpen im Ruhezustand	bis 220 Schläge pro Minute
Körpertemperatur	37.5°C bis 39.0°C.
Körpertemperatur Welpen	38°C bis 39,5°C
Beginn Fieber	Ab 39,5°C
Durchbruch der Milchzähne	3 – 4 Wochen
Vollständige Ausbildung des Milchgebisses	Nach 6 Wochen
Beginn des Zahnwechsels	3 – 4 Monate
Abschluss des Zahnwechsels	7. Lebensmonat
Geschlechtsreife der Hündin	Mit der ersten Läufigkeit, ca. 7. – 10. Lebensmonat – ab dann bleibt die Hündin ein Leben lang fruchtbar und fortpflanzungsfähig!
Läufigkeits-Zyklus	ca. alle 6 Monate bis Lebensende
Dauer der Trächtigkeit	63 Tage
Geschlechtsreife des Rüden	ca. ab 10. Lebensmonat, geht meistens einher mit dem Heben des Beines beim Urinieren.
Kupieren von Ohren und Rute	Ist verboten! Nur aus besonderen medizinischen Gründen darf kupiert werden. Das Kupieren der Rute ist allerdings erlaubt, wenn der Hund zur Jagd genutzt werden soll.

Impfung

Bei einer Impfung werden dem Hund abgetötete oder abgeschwächte Krankheitserreger verabreicht, damit dieser die noch nicht vorhandenen Antikörper selber produzieren kann. In diesem Fall spricht man auch von einer aktiven Immunisierung.

Bei der passiven Immunisierung werden dem Hund lediglich Antikörper verabreicht. Diese haben eine wesentlich kürzere Wirkungszeit (ca. 14 Tage). Dafür ist der Schutz gegen Erkrankungen aber fast sofort gegeben, weil nicht erst Antikörper produziert werden müssen.

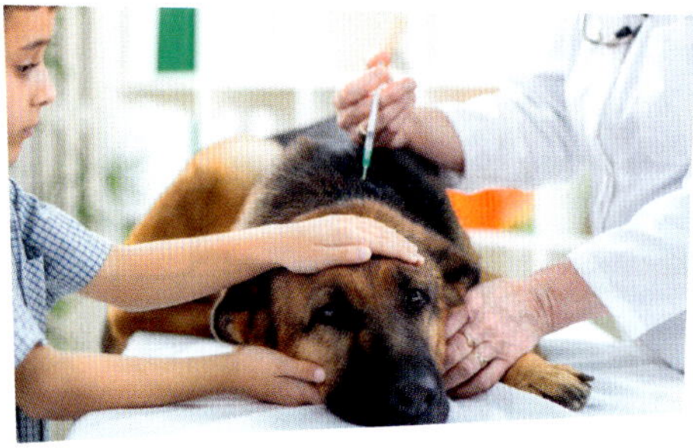

Genau wie bei Kindern auch, macht es Sinn, den Hund gegen einige Krankheiten zu impfen.

In Deutschland besteht keine reguläre Impfpflicht für Hunde. Lediglich für den Grenzübergang gibt es Vorschriften.

Biologisch sagt man, dass ein Impfschutz als sicher gilt, wenn 70% der Tierart durch diesen geschützt wurden. Sinkt die Anzahl unter diese 70%, kann es im schlimmsten Fall sogar zu Epidemien kommen. Wir empfehlen den tatsächlichen Nutzen und das Risiko entsprechend immer mit abzuwägen! Auch sollte man bei Auslandsaufenthalten sich frühzeitig mit den Reisebestimmungen auseinandersetzen.

Eine Impfung ist dafür da, um den Hund vor Krankheiten so zu schützen, dass er sie erst gar nicht bekommt oder er „nur" eine mildere Verlaufsform durchlebt. Der Hund sollte bei der Impfung immer gesund sein. Krankheiten, Stress, falsche Ernährung, Parasiten (s. unten) können die Wirksamkeit des Impfstoffes senken. In der Veterinärmedizin wird zwischen zwei möglichen Impfarten unterschieden:

1. Core-Komponenten:

Wenn man einen Hund gegen Core-Komponenten impfen lassen möchte, geht es um die Erreger, gegen die ein Hund allgemein immer geschützt sein sollte:

- Hepatitis / ansteckende Leberentzündung (HCC)
- Stuttgarter Hundeseuche (Leptospirose)
- Parvovirose
- Tollwut – Die größten Überträger sind Fledermäuse. Tollwut wird durch Speichel übertragen
- Staupe

2. Non-Core-Komponenten

Hierbei handelt es sich um Impfungen, die nicht zwingend nötig sind, jedoch von Fall zu Fall nützlich sein können. Darunter fallen zum Beispiel folgende Krankheiten:

- Borreliose
- Babeiose
- Tetanus
- Pilze
- Welpensterben (Herpesvirus)
- Zwingerhusten

Hunde müssen nicht leiden. Die wichtigsten Impfungen am besten mit dem Tierarzt besprechen.

Die Core-Komponenten-Impfung gibt es als Kombiimpfung, sodass nicht jeder Impfstoff einzeln verabreicht werden muss. Je jünger der Hund ist, desto weniger stark ist sein Immunsystem ausgebildet. Der junge Welpe wird zwar durch die Muttermilch (vor allem durch die Colostralmilch) mit vielen wichtigen Antikörpern versorgt, jedoch lässt die Versorgung über die Milch nach einiger Zeit nach. Der Antikörper-Pegel sinkt dann zwischen der 6. – 10. Lebenswoche ab. Die erste Impfung wird ca. ab der 7. Lebenswoche verabreicht. Bei jedem Hund ist der Antikörperabfall individuell – auch unter Wurfgeschwistern, weil jeder ein eigenes Immunsystem hat.

Fazit: Wenn die Antikörper abfallen, besteht kein sicherer Schutz mehr gegenüber Krankheiten. Dennoch ist es wichtig, dass die Hunde nicht eher geimpft werden und man diese sog. „immunologische Lücke" zulässt. Nachdem der Welpe eine Impfung erhalten hat, bauen sich langsam erst die Antikörper auf. Dies kann mehrere Wochen/Monate dauern. Dennoch macht es keinen Sinn, die Impfung zu geben, wenn die Welpen noch unter dem Antikörperschutz der Mutterhündin stehen:

Die aktiven Antikörper des Welpen/der Mutterhündin würden sich mit den Antikörpern des Impfstoffes aufheben bzw. korrelieren. Dadurch wäre der Welpe nicht nur ungeschützt, sondern sein Immunsystem würde zudem unnötig belastet werden. Die somit entstehende Versorgungslücke mit Schutzstoffen wird „immunologische Lücke" genannt.

Wir werden oft angerufen, dass Hundebesitzer mit ihren Welpen zu uns in die Welpenschule wollen, der Tierarzt jedoch aufgrund der noch nicht vorhandenen Immunität davon abrät. Diese Aussage birgt Konfliktpotenzial:

Infektionskrankheiten findet man nicht nur auf Hundeplätzen, sondern wie bei Kinderkrankheiten auch kann sich der Hund überall infizieren – sogar im eigenen Vorgarten!

Und Studien belegen, dass Hunde, die isoliert – speziell während der sozial sensiblen Phase – gehalten werden, im weiteren Verlauf ihres Lebens krankheitsanfälliger gegenüber den Welpen sind, die ohne Impfschutz in einer Welpenschule waren und am sozialen Leben teilgenommen haben!

Wurmkuren

Mit dem Entwurmen sieht es ähnlich aus. Auch hier bleibt es dem Besitzer freigestellt, seine Hunde zu entwurmen. Im Welpenalter sind Hunde meist anfälliger für den Wurmbefall, weil sie die Erreger direkt durch die Muttermilch mit aufnehmen. Eine Wurmkur arbeitet kurativ. Das bedeutet, dass vorhandene Würmer (oft auch Eier und Larven) durch eine Wurmkur beseitigt werden, aber keinen gleichzeitigen vorbeugenden Schutz bieten.

I Info

Die Wurmkur nicht vergessen!
Hunde sollten / können regelmäßig entwurmt werden. Die Inkubationszeit von Würmern beträgt zwischen 3 und 4 Monaten. Vorhandene Würmer werden abgetötet, jedoch kann es direkt nach einer Entwurmung zu einem neuen Befall kommen.

Die Inkubationszeit (die Zeit von der Ansteckung bis zum Auftreten der ersten Krankheitsanzeichen) beträgt durchschnittlich (je nach Wurmart) 3 – 4 Monate. Daher empfehlen manche Tierärzte die Hunde alle 3 – 4 Monate zu entwurmen. Wenn man sich für diesen Zeitintervall entscheidet, sollte man möglichst nach dem Rotationsverfahren verfahren und immer unterschiedliche Präparate auswählen. Dadurch kann vermieden werden, dass die Würmer gegen ein Präparat resistent werden.

Parasiten & Würmer

Was sind Parasiten und Würmer überhaupt? Ja, auch das müssen Hundehalter wissen.

Das Wort Parasit stammt aus dem Griechischen und bedeutet so viel wie Schmarotzer oder Mitesser. In der Biologie werden solche Organismen, die sich von anderen Lebewesen ernähren oder sie zur Fortpflanzung benutzen, als Parasiten bezeichnet. Parasiten töten ihre Opfer (auch Wirte genannt) in der Regel nicht, sondern schädigen sie nur.

Die unten aufgeführte Tabelle ist zwar nicht vollständig, gibt euch aber eine sehr schöne Übersicht über die häufigsten Parasiten bei Hunden in Deutschland.

I Info

Zahnpflege ist auch durchaus wichtig!
Die Zähne des Hundes sollten auch gepflegt werden. Regelmäßiges Putzen unterstützt das Hundegebiss. Lasst euch aber hier z.B. von eurem Tierarzt professionell beraten, wie es richtig geht

Zunächst wird unterschieden, ob die Parasiten auf oder in der Haut leben. Bei Parasiten, die auf der Haut leben, handelt es sich um Außenparasiten. Der Fachbegriff dafür ist Ektoparasit. Diese unterteilen sich nach ihrer Abstammung in Spinnentiere (hierzu zählen alle Milben und alle Zecken – Merkmal: 8 Beine) und Insekten (Merkmal: 6 Beine). Die Unterscheidung ist wichtig, weil die Präparate zur Bekämpfung von Ektoparasiten oftmals entweder nur gegen Milben oder nur gegen Insekten wirken.

Die häufigsten Innenparasiten (sog. Endoparasiten) sind Rund- und Plattwürmer. Auch diese beiden Arten unterscheiden sich von ihrem Aufbau derart, dass sie oftmals mit unterschiedlichen Mitteln bekämpft werden müssen.

I Aus dem Nähkästchen geplaudert

Frau Grieskamp besuchte uns mit ihrem Hund. Sie hatte das Problem, dass „Julius" bei ihren gemeinsamen Spaziergängen nicht glücklich schien. Das bedauerte Frau Grieskamp sehr. Als wir uns mehr mit ihrem Spazierverhalten auseinandersetzen, stellten wir fest, dass Frau Grieskamp rund 10 Stunden am Tag mit dem Hund unterwegs war. Durch ihr Rentner-Dasein und ihre Naturverbundenheit war dies kein Problem für sie – leider jedoch für ihren Hund, denn Julius war eine Mischung aus Leonberger und Neufundländer mit 9 Jahren....

Und die Moral von der Geschichte: Das Bewegungsbedürfnis eines jeden Hundes ist von Größe, Charakter, Alter, Gewicht und Konstitution abhängig – nicht vom Hundehalter!

<table>
<tr><th colspan="5">Parasiten</th></tr>
<tr><td colspan="3">Endoparasiten (Innen-) im Körper lebend</td><td colspan="2">Ektoparasiten (Außen-) in oder auf der Haut lebend</td></tr>
<tr><td>Rundwürmer</td><td>Plattwürmer (Bandwürmer)</td><td>Andere</td><td>Insekten</td><td>Spinnentiere</td></tr>
<tr><td>Spulwurm</td><td>Gurkenkern-bandwurm- häufigster Bandwurm</td><td rowspan="6">Giardien-Geißeltierchen</td><td>Floh – meist ist nur der Flohkot zu sehen – schwarze Krümel – vereinzelt springen Flöhe sichtbar auf dem Fell</td><td>Zecke</td></tr>
<tr><td>Hakenwurm</td><td>kleiner Fuchsbandwurm</td><td>Laus</td><td>Ohrmilbe</td></tr>
<tr><td>Herzwurm - nicht heimisch</td><td rowspan="4">Taenia-Arten (beim Hund seltener)</td><td>Haarling</td><td>Herbstgras-Milbe</td></tr>
<tr><td>Lungenwurm - nicht heimisch</td><td>Fliegenlarven in Wunden</td><td>Haarbalgmilbe-Demodex</td></tr>
<tr><td>Fadenwurm - nicht heimisch</td><td rowspan="2">Stechfliegen</td><td>Räudemilbe- Sarcoptes</td></tr>
<tr><td>Peitschenwurm - selten</td><td>Schuppenmilbe</td></tr>
</table>

I Info

Ein Hund ist kein Vegetarier!
Hunde sind Semi-Carnivoren. Sie benötigen Fleisch und sollten nicht rein vegetarisch ernährt werden. Das Ammenmärchen stimmt übrigens nicht, dass rohes Fleisch die Hunde aggressiver macht.

I Kurz & Knackig

Parasiten hin oder her – ihr solltet eure Hunde nicht zu häufig baden. Das schadet dem Fell und der Haut eher, als dass es was nutzen würde. Nur im Bedarfsfall, wenn er sich in irgendetwas gewälzt hat, was euch stinkt ☺... und die Gefahr besteht, dass das Fell verklebt!

Anatomien - die Sinnesorgane

Nase

Geruchsmoleküle gelangen in die Nase und werden auf der Schleimhaut aufgenommen. Auf dieser sitzen die Riechzellen. Ein Hund hat bis zu 250 Millionen Riechzellen – im Vergleich: der Mensch hat 5 Millionen. Geruchsmoleküle stoßen auf Eiweißmoleküle und die Geruchsinformation vervielfältigt sich dann ungemein!

Je spitzer die Hundenase, desto mehr Platz für Riechzellen – dennoch ist ein Mops den Menschen weitaus überlegen!

Riechen ist ein Lernprozess für Hunde. Bekannte Gerüche werden abgespeichert. Zudem riechen sie Stereo. Die Geruchsmoleküle, die durch das linke und rechte Nasenloch eintreten, werden vom Gehirn individuell verarbeitet. Somit kann der Hund Richtungen riechen! Stößt ein Hund z.B. auf eine Tierfährte, weiß er, in welche Richtung das Tier gelaufen ist.

Zeitgleich filtert der Hund, wie wichtig ein Geruch ist. Fleisch ist unter Garantie interessanter als der Geruch von Teebeuteln.

I Aus dem Nähkästchen geplaudert

Wir haben eine Kundin mit einem sehr tollen Border Collie! „Laika" liebt die Schnüffelarbeit und sie ist in der Lage, nicht nur einfach Käse zu suchen, sondern auch zwischen „Gouda alt", „Gouda jung" und „Leerdamer" zu unterscheiden. Für Laika stellt das kein Problem dar! Probiert es selbst mit euren Hunden aus!

Augen

Hundeaugen bestehen aus Lichtrezeptoren. Mit ihren „Stäbchen" erkennen sie Graustufen und die „Zapfen" sind für Farben und das Sehen in heller Umgebung da. Farblich erkennt der Hund Gelb und Blau am besten. Rot und Grün kann er fast gar nicht sehen.

Mit einer Art Spiegel des Augenhintergrundes kann er in der Dunkelheit besonders gut sehen, weil das Licht dadurch verstärkt wird. Das ist der Grund, weshalb auf einem Foto in den Augen eures Hundes weiße Flecken entstehen, wenn ihr euren Hund mit einem Blitzlicht fotografiert.

Ohren

Hunde hören eine Frequenz von 15 – 50000 Hz. Sie können ihre Ohrmuscheln unabhängig voneinander bewegen und dadurch in 3D hören bzw. orten.

Die Rechtslage in Deutschland

Recht hat er!

So meint der Hundehalter das zumindest. Aber welche Rechte der Hundehalter, der Hund und seine Umwelt wirklich haben – dazu muss man sich schon ein wenig schlauer machen.

Zuerst einmal gilt, dass jedes Bundesland seine eigene Verordnung hat. Ebenso hat jede Stadt und jede Kommune eigene Vorschriften. Das bedeutet, das Oldenburg und Hannover zwar beides Städte in Niedersachsen sind, dennoch kann die Rechtsgrundlage bezüglich der Hundehaltung eine andere sein.

I Kurz & Knackig

In Deutschland ist es so, dass Gesetze den Verordnungen übergestellt sind!

Seit 2002 wird auch das Recht der Tiere durch das Grundgesetz geschützt.

Zwingerhaltung ist bei einigen Hundehaltern immer noch ein Thema. Aber auch hier gibt es Vorschriften, die beachtet werden müssen.

Unser Tierschutzgesetz regelt, dass Hunden/(Tieren) kein Schaden zugefügt wird. Dort finden wir Formulierungen wie:

- §1 TschG Abs. 1b – Es ist verboten im Training, Wettkämpfen, Veranstaltungen, ...dem Tier.... Schmerzen, Leiden, Schäden...anzuwenden.
- §1 TschG Abs. 5 – Es ist verboten ein Tier auszubilden, sofern Leiden und Schmerzen,....damit verbunden sind.
- Das bedeutet klar definiert: Ausbildungsmethoden, die dem Hund Schmerzen zufügen, sind verboten!
- Die unsachgemäßen Einwirkungen, wie z.B. falscher (zu intensiver) Umgang mit einem Stachelhalsband oder Würger sind verboten – Achtung, hier geht es um die Art der Anwendung, nicht dass die oben aufgeführten Einwirkungen an sich verboten wären. Die sachgemäße Einwirkung ist rechtlich erlaubt.
- §3 TschG – Verbot von Stromreizgeräten in Anwendung.
- Der Handel ist erlaubt – jedoch die Anwendung verboten.

I Info

Wenn schon Zwingerhaltung, dann richtig!

Bei der Zwingerhaltung muss auf eine angemessene Frischluftzufuhr geachtet werden. Gleiches gilt auch, wenn der Hund im Auto alleine bleiben soll. Ihr müsst gewährleisten können, dass er keinen Hitzschlag bekommt!

Das Tierschutzgesetz ist eine generelle Vorschrift, wie man mit Tieren umzugehen hat. Für jede Tierart gibt es jetzt noch weitere Vorschriften. Für den Hund wurde die Tierschutzhundeverordnung entwickelt und aufgrund der Vorgaben des Tierschutzgesetzes erlassen.

I Kurz & Knackig

Der Blick in die Gesetzestexte lohnt sich für uns Hundehalter! Investiert ein paar Minuten und sucht im Internet nach dem Tierschutzgesetz und der Tierschutzhundeverordnung! Es ist spannend zu erfahren, was man wusste und was tatsächlich neu für einen ist! Viel Spaß dabei!

Diese Verordnung stellt mit ihren Inhalten die Rahmenbedingungen, wie Hunde in Deutschland gehalten werden dürfen. Es wird von Hundehaltern erwartet, dass sie die Tierschutzhundeverordnung und ihre Inhalte kennen.

Die Tierschutz-Hundeverordnung (TierSchHuV) regelt, dass:

- das Halten von Hunden im Freien – Zwingerhaltung - nicht verboten ist!
- Zwinger eine Mindestgröße für Hunde haben müssen und unbeschränkt begehbar sein müssen:
  - Widerristhöhe

Bis 50 cm	6qm
51 – 65cm	8qm
über 65cm	10qm

- ein witterungsgeschützter, schattiger Platz vorhanden sein muss.
- Kettenhaltung verboten ist. Allerdings ist die dauerhafte Haltung in einer Laufeinrichtung erlaubt.
- Tageslicht vorhanden sein muss oder eine Lampe, die einen Tag-Nacht-Rhythmus simuliert.
- für eine angemessene Frischluftversorgung gesorgt werden muss.
- Sozialkontakte und genügend Auslauf am Tag vorhanden sein müssen.
- ein Hund mehrmals täglich Kontakt mit einer Betreuungsperson haben muss.

Nicht nur Füchse oder Fledermäuse sind von einer Tollwuterkrankung betroffen.

I Kurz & Knackig

Wusstet ihr, dass es eine extra Tollwutverordnung gibt? Rechtlich sieht es so aus, dass bei einem Tollwutvorfall oder bereits bei einem Tollwutverdacht ein Hund eingeschläfert werden muss, wenn kein Impfschutz besteht! Vor dem Gesetz stehen geimpfte Hunde also besser da! Besteht ein Verdacht auf eine Tollwutinfektion, werden geimpfte Tiere behördlich observiert und die Impfung wird erneut „geboostet". Übrigens ist Tollwut eine meldepflichtige Krankheit und eine sog. Zoonose (Übertragung von Hund auf Mensch und umgekehrt) möglich. In tollwutgefährdeten Gebieten dürfen Hunde nur frei laufen, wenn die Hunde geimpft sind, von einer Person begleitet werden und zuverlässig gehorchen. Jetzt ist wieder Zeit für die Selbstüberprüfung! ;-)

Laufen Hunde außerhalb des Hauses frei herum, ist ein Halsband mit Adresse oder einer Steuermarke Pflicht – um den Hund im Notfall zu identifizieren. Sollte es zu einem Tollwutvorfall kommen, greift übrigens nicht nur die Tollwutverordnung, sondern auch das Tierseuchengesetz!

I Info

Wenn's unumgänglich ist...
Die Gesetze regeln auch, dass Hunde nicht willkürlich eingeschläfert werden dürfen, sondern dies nur ein Tierarzt machen darf und auch nur dann, wenn leiden und Schmerzen verhindert werden, die nicht mehr gebessert werden können.

Aber damit nicht genug, auch andere Gesetze sind wichtig für uns Hundehalter:

Die Straßenverkehrsordnung

- Gefährdungen – und das könnte auch ein unkontrollierter Hund sein – sind aus dem Straßenverkehr herauszuhalten.
- Es ist verboten, den Hund neben dem Auto laufen zu lassen.
- Sicheres Fahren muss möglich sein – der Hund muss sicher im Auto untergebracht werden, sodass er den Fahrer nicht stört, sicher im Kofferraum eines Kombis oder mit speziellen Anschnallvorrichtungen für Hunde auf den Sitzen.
- Fährt der Hund im Fußraum mit und ist nicht gesichert, so gilt dies als grob fahrlässig.
- Weiterhin wird dem Hundehalter eine Teilschuld zugesprochen, wenn etwas passiert und der Hund nicht ordnungsgemäß abgesichert war.

Das Abfallgesetz

- Der Hundehalter ist für das Entsorgen der Hinterlassenschaften (Hundekot) seines Hundes verantwortlich.

Das Hundesteuergesetz

- Die Kommunen bestimmen die Höhe der Hundesteuer.

Das Strafrecht

- Sollten wir nicht nach dem Abfallgesetz handeln und den Hundekot entsorgen, greift das Strafrecht und kann im schlimmsten Fall mit einer Freiheitsstrafe (Gefängnis) enden. Wird der Hundekot vom Hundehalter nicht weggeräumt, dann kann dies als Vorsatz ausgelegt!

Nicht die Gemeinde, sondern der Halter ist für die Entsorgung des Hundekotes verantwortlich. Ansonsten gibt es eventuell ein Bußgeld.

Ordnungswidrigkeiten

- Verstöße gegen Rechtsvorschriften werden mit Geldbußen geahndet. Bei gefährlichen Tieren wird ein Leinenzwang verhängt.

Zivilrecht

- Das Zivilrecht wird gültig, wenn sich Passanten durch Lärm oder Gerüche von Hunden belästigt fühlen. Ebenso, wenn Hunde in fremde Vorgärten laufen und deren Eigentum zerstören (buddeln, markieren usw.). Das gilt auch, wenn ihr mit euren Hunden an öffentlichen Einrichtungen spazieren geht und der Hund anderen etwas wegnimmt oder zerstört. Ihr haftet für den Gesamtschaden.

Speziell im Umgang mit Kindern und Hunden sind die Gesetze modifiziert worden. Um Verletzungen und Verschmutzungen von Spielgeräten und Sandkästen vorzubeugen, ist es durch kommunale Verordnungen verboten worden, Hunde auf Spielplätze mitzunehmen – egal ob mit oder ohne Leine!

Wenn ihr mit euren Hunden verreisen wollt, müsst ihr euch auch mit der Rechtslage anderer Länder/Bundesländer befassen. Das bitte frühzeitig, denn viele Länder (Skandinavien!) möchten an der Grenze einen gültigen Tollwut-Antikörpertest sehen, der 30 Tage nach der Impfung gemacht wurde. Ohne gültigen Tollwutschutz können viele Hunde nicht mit verreisen – daher rechtzeitig den Tierarzt besuchen!

Seit Mai 2011 ist die elektrische Transpondernummer Pflicht. Diese wird auf der linken Halsseite des Hundes kontrolliert. Eine Kopie der Nummer steht im EU-Heimtierausweis und wird bei TASSO e.V. (www.tasso.net) registriert. Die Transpondernummer wird dann interessant, wenn der Hund wegläuft und woanders gefunden wird. Tierheime, Tierärzte und teilweise auch Hundetrainer haben Lesegeräte, die den entlaufenen Hund somit schnell identifizieren können. Auch zum Hundeführerschein wird die Nummer überprüft bzw. auf dem Prüfungsbogen der praktischen Prüfung eingetragen.

Pflicht für jeden Hundehalter ist es nun, seinen Hund entsprechend zu versichern und im Zentralregister registrieren zu lassen. Diese Neuerung ist seit 2013 in Kraft getreten. Ihr könnt dafür ganz einfach die Online-Registrierung nutzen.

Mietrecht

Das Mietrecht wurde für Hundehalter verbessert. Dennoch sollten Unklarheiten im Vorfeld mit dem Vermieter besprochen werden.

Sind Hunde unerwünscht, muss ein Haltungsverbot extra im Mietvertrag ausgeschrieben werden. Auch hier empfehlen wir aber immer den direkten und freundlichen Kontakt zum Vermieter und den anderen Mietern zu suchen.

I Kurz & Knackig

In Niedersachsen gibt es noch eine Besonderheit. Die Brut- und Setzzeit. Diese ist vom 01.04. – bis zum 15.07 festgelegt. Das bedeutet: Anleinpflicht für den Hund! Freilaufspaziergänge sind innerhalb dieses Zeitraums in der freien Landschaft verboten! Sie dient dem Schutz des Wild-Nachwuchses. Nach diesem Zeitraum spricht nichts gegen den Freilauf, dennoch sollte man die vor Ort ausgewiesenen Schilder beachten!

Übrigens müsst ihr den bestandenen Sachkundenachweis nicht mit euch herumführen, während ihr mit dem Hund spazieren geht. Diese Frage stellen uns Kunden immer wieder. Da die Testergebnisse der theoretischen und der praktischen Prüfung gesondert dokumentiert werden, wäre dies etwas viel des Guten. ☺

Kapitel 3

Die Praxis - Vorbereitung für den Alltag (und die Prüfung!)

Kapitel 3 - Vorbereitung für den Alltag (und die Prüfung!)

Vorbereitung auf das Training

Jetzt wird's praktisch...

Nachdem ihr euch nun erfolgreich mit der theoretischen Prüfung beschäftigt habt, ist es zwingend notwendig, euch mit dem praktischen Training anzufreunden und vor allem loszulegen. Zur besseren Orientierung hilft euch ein kleiner Trainingsplan, der auch gleichzeitig als Erfolgsprotokoll dienen soll.

Bei der praktischen Prüfung geht es hauptsächlich um den Sachkundenachweis des Hundehalters. Euer Hund muss nicht unbedingt perfekt hören oder grandios erzogen sein, sondern vielmehr schauen wir als Prüfer euch Hundehaltern bei der Kommunikation mit eurem Hund auf die Finger bzw. auf die Lippen.

Aus diesem Grund wurde in der Prüfungsordnung festgelegt, dass Hundehalter die Prüfung nicht zwingend mit ihrem eigenen Hund absolvieren müssen. Sie können alternativ auch einfach einen anderen Hund zur Prüfung mitbringen.

Dies hat in der Hundeszene selbstverständlich für viel Gesprächsstoff gesorgt. Warum kann einfach ein fremder Hund mit in die Prüfung gebracht werden? Ist das nicht ungerecht, wenn beispielsweise ein gut erzogener Hund „ausgeliehen" werden kann? Natürlich stellen sich die Prüflinge solche Fragen. Wenn man es allerdings unter dem Aspekt betrachtet, dass es um die Sachkundeüberprüfung des Hundehalters geht und nicht darum, was der Hund alles kann, wird es für viele verständlicher. Mit Erhalt des PKW-Führerscheines wird ja beispielsweise auch nachgewiesen, dass jemand „theoretisch" mit allen Autos fahren kann und nicht nur mit dem Fahrzeug aus der Prüfung.

Die Prüfung wird sich nicht angenehmer gestalten, nur weil man ein „frommes Lämmchen" anstelle eines „Katastrophenhundes" an die Leine bekommt.

Dem Prüfer ist es nicht wichtig, ob der Hund bereits nach der ersten oder erst nach der dritten Signalaufforderung „Sitz!" macht. Es geht primär um die Art und Weise, wie der Halter mit dem Hund umgehen kann, wie er ihn ins „Sitz!" bringt oder wie er damit umgeht, wenn eventuell auch einmal gar nichts passiert.

Alle hier aufgelisteten Trainingshilfen sind im Vorfeld bei jeder Übung zu bedenken und umzusetzen:

Ein Hund muss nicht immer perfekt hören – wie mit ihm umgegangen wird, ist entscheidend.

I Kurz & Knackig

Bevor ihr in das Training geht, solltet ihr eure eigene Stimmung wahrnehmen. Ihr solltet ruhig und ausgeglichen beim Hundetraining sein. Ist dies nicht der Fall, gibt es zwei Möglichkeiten:

- Training auf einen besseren Zeitpunkt verschieben oder
- ihr verbessert eure eigene Stimmung. Dies ist möglich durch:
    - spezielle Atemtechniken
    - autogenes Training
    - Sport
    - Yoga
    - Entspannungsübungen

Dazu gehört natürlich, dass ihr gut einschätzen könnt, zu welchem Stresstyp ihr gehört. Jeder hat andere Vorlieben und während Jörg zum Beispiel sehr schnell durch die richtige Atmung wieder in Balance kommt, benötigt Tina dazu ihre Boxhandschuhe.

- Die aktiven Trainingszeiten zusammen mit dem Hund sollten 5 – 10 Min. am Stück nicht überschreiten! Der Hund kann jedoch – je nach Reaktivität und Motivation – zwei- bis dreimal am Tag trainieren. Die Einheiten sollten immer dem Können des Hundes angepasst werden. Dennoch solltet ihr immer für das gesamte Training 20 Min. einplanen. Passieren Pannen und ihr müsst das Training aufgrund von Zeitmangel abbrechen, verändert sich automatisch eure gute in eine hektische Stimmung. Das ist demotivierend für den Hund, weil er merkt, dass ihr nicht mehr bei der Sache seid, sondern gedanklich schon bei einem ganz anderen Thema.
- Zu Anfang des Trainings sollte die Umwelt reizarm gestaltet werden, so kann sich euer Hund auf das Wesentliche konzentrieren - auf euch und eure Übungen.
- Ihr solltet alle Trainingshilfen dabei haben. Natürlich ist diese Checkliste keine Pflicht, dennoch solltet ihr immer wissen, dass diese Gegenstände griffbereit liegen. So muss das Training nicht vorzeitig beendet werden, weil euch währenddessen einfällt, dass die Schleppleine oder der Clicker fehlt.

Folgende Hilfsmittel sollten zu eurem Training parat liegen:

- Belohnungen für den Hund. Leckerchen, Spielzeug usw.
- Leine, Halsband und/oder Geschirr
- Schleppleine
- Clicker
- Leckerchentasche

Weiterhin sind folgende Hilfsmittel hilfreich – speziell beim Außentraining:

- Feste Schuhe und warme Kleidung (auch für den Hund! – möglich durch einen Hundemantel) – klingt selbstverständlich, dennoch stellen wir immer wieder fest, wie Kälte und Nässe das Training des Hundehalters und des Hundes negativ beeinflussen können, wenn beide nicht warm oder trocken genug angezogen sind.
- Euer Hund sollte kurz vor dem Training nichts mehr zu fressen bekommen. So verhindert ihr, dass euer Hund vielleicht zu träge wird. Andererseits könnt ihr ihn dann auch leichter mit Futter motivieren.
- Ihr als Hundehalter solltet euch immer

vor Augen halten, dass Hunde am besten lernen, solange sie entspannt und motiviert sind. Das könnt ihr im Training optimieren und nutzen, indem ihr jede Trainingssequenz mit einer einfachen, erfolgssicheren Übung startet und euren Hund für diese belohnt. Er wird eine stärkere Motivation zeigen, mit euch weiterarbeiten zu wollen. Genauso sollten Übungen auch beendet werden – mit einem schönen Erlebnis.

- So wird euer Hund bei den nächsten Trainingseinheiten ebenfalls hoch motiviert ans Werk gehen.
- Macht euer Hund etwas richtig, ist es wichtig, dass er sofort gelobt wird. Damit Lob wirkt, habt ihr 1 – 2 Sekunden Zeit, um das erwünschte Verhalten zu bestätigen. Eine Bestätigung, die zu spät erfolgt, verknüpft er eventuell dann nicht mehr mit der richtigen Handlung, sondern mit einem aktuelleren Kontext.
- Der Hund entscheidet, was „Lob" für ihn ist. Nicht alle Hunde fühlen sich durch Leckerchen belohnt. Viele Hunde stresst dies zu sehr oder sie mögen die Leckerchen einfach nicht. Wenn ihr ihn aber nur über Leckerchen loben wollt, werdet ihr schnell feststellen, dass die innere Motivation des Hundes sinkt und er keinen Spaß mehr an den Übungen hat. Die Art des Lobens sollte dem Hund angepasst werden und nicht umgekehrt. Daher bitte einmal prüfen, ob ihr die richtige Belohnung für euren Hund dabei habt. Kleiner Tipp: Wechselt auch zwischendurch die Leckerlies oder probiert es einmal mit „Gouda" oder „Fährtenwurst". Das kann manchmal schon helfen die Motivation zu steigern.

Der Hundeknigge - die wichtigsten Übungen

Hundeknigge – worauf kommt es wirklich an?

Wie schon erwähnt, ist der Hundeführerschein ja nicht ohne Grund entstanden. Durch tägliche Konflikte zwischen Hundehaltern und Nicht-Hundehaltern war es nur eine Frage der Zeit. Aber was solltet ihr denn eigentlich im Umgang mit euren Mitmenschen beachten – wenn ihr konfliktfrei mit eurem Hund spazieren gehen möchtet?

Neben einem guten Grundgehorsam ist es wichtig, folgende Überlegungen zu machen:

- Geht ihr mit eurem freilaufenden Hund spazieren, solltet ihr ihn zurückrufen und in eure kontrollierte Nähe bringen können. Das bedeutet anleinen, wenn euch Passanten, Fahrradfahrer, Jogger, Kinder oder andere Hunde entgegenkommen. Andere Personen könnten sich durch euren Hund belästigt fühlen. Gleichzeitig springt der eine oder andere Hund ja auch gerne mal jemanden an. Für Hunde - als auch für Menschen – ist es nicht immer leicht im Vorfeld zu erkennen, welche Menschen das mögen und welche nicht. Um dem Hund Klarheit und euch einen konfliktfreien Spaziergang gewährleisten zu können, solltet ihr in der Lage sein, euren Hund ohne Probleme zurückzurufen!

Hunde dürfen nicht auf Spielplätze! Beim Vorbeigehen sollte schon auf Kinder u. Personen geachtet und der Hund angeleint werden.

- Kommt ihr mit eurem freilaufenden Hund an öffentlichen Einrichtungen wie Kindergärten, Schulen, Senioreneinrichtungen oder auch Kinderspielplätzen entlang, solltet ihr eure Hunde umgehend an die Leine nehmen. Auch wenn ihr wisst, dass ihr den liebsten Hund der Welt habt – woher sollen das die anderen wissen. Schließlich kann nicht jeder die Hundesprache und nicht jedes Kind mag Hunde!
- Wenn ihr einen sogenannten „Second-Hand-Hund" habt. Also mit anderen Worten: Ihr habt den Hund nicht schon als Welpe bekommen, sondern aus dem Tierheim, dem Tierschutz oder von einer anderen Einrichtung, dann kennt ihr eventuell nicht seine komplette Vorgeschichte und vor allem auch nicht seine gespeicherten, schlechten Erfahrungen. Ihr solltet deshalb besonders vorsichtig sein, wenn euch andere Menschen bzw. Artgenossen entgegenkommen. Euer Hund könnte vielleicht eine frontale Annäherung als Bedrohung ansehen. Daher bitte anleinen und so absichern, dass im Zweifelsfall der Hund keinen Kontakt zu der anderen Personengruppe hat.
- Kinder und Hunde sollten niemals alleine gelassen werden. Euer Hund könnte in einen Konflikt geraten, weil er denkt, dass er nun für die Situation verantwortlich ist und alles managen muss. Gleichzeitig könnte das Kind sich auch nicht fachgerecht verhalten, somit sind Probleme vorprogrammiert und damit auch eine erhöhte Verletzungsgefahr.
- Klärt Kinder unbedingt darüber auf, wie sie sich verhalten müssen, wenn sie sich von einem fremden oder von eurem Hund bedroht fühlen: stehen bleiben, den Hund nicht ansehen und nach unten gucken. Hände an den Körper und nicht reden.
- Wisst ihr, dass euer Hund Angst vor einer bestimmten Personengruppe hat – etwa vor Kindern, solltet ihr euch Gedanken über ein Desensibilisierungstraining machen. Das sollte zwingend unter Anleitung eines Fachmannes/einer Fachfrau geschehen. Alleingänge sind oftmals schwierig, weil ihr subjektiv in das Geschehen involviert seid. Sollte es nach einigen Trainingssequenzen möglich sein, dass Hund und Kind entspannt zueinander finden, ist der weitere Verlauf sehr wichtig. Es dürfen auf keinen Fall gemeinsame Spiele gewählt werden, bei denen sowohl Hund als auch Kind zu ausgelassen miteinander toben. Zerr- oder Jagdspiele sind in diesem Fall ein „No-Go"! Besser eignen sich Suchspiele, bei denen es nicht zu unmittelbarem Kontakt zwischen den beiden kommt.

I Info

Bei Kindern bitte immer anleinen!
Sobald Kinder in der Öffentlichkeit spielen, gehören Hunde sicherheitshalber immer an die Leine!

- Nehmt eure Hunde auch zu euch und leint sie an, wenn ältere Menschen auf euch zukommen. Sie können häufig ihr Gleichgewicht schlechter halten und euer Hund könnte eine Gefahr für sie darstellen. Außerdem kann im schlimmsten Fall ein Gehstock mit einem „Stöckchen" verwechselt werden. Sehr, sehr unangenehm!
- Ebenfalls solltet ihr euren freilaufenden Hund zurückrufen und anleinen, wenn euch ein Hundehalter mit einem bereits angeleinten Hund entgegenkommt. Verständigt euch im Vorfeld mit dem anderen Hundehalter darüber, ob ein „Beschnuppern" erwünscht ist.
- Kontakt sollte immer nur stattfinden, wenn beide Hundehalter einverstanden sind. Auch Provokationen von Hunden, die im eigenen Garten durch einen Zaun getrennt Kontakt aufnehmen, bedeuten Stress für den eigenen und für den anderen Hund. Auch dann solltet Ihr mit eurem Hund Abstand halten und ggf. auf die andere Straßenseite wechseln.

I Info

Nicht alle Hunde verstehen sich. Was tun?
Es wird immer einmal vorkommen, dass euer Hund ohne Leine läuft und auf einen anderen Hund trifft, der ebenfalls nicht angeleint ist. Solltet ihr nun feststellen, dass die Hunde sich nicht vertragen werden, z.B. durch erste Drohgebärden wie Knurren, dreht euch schnellstmöglich mit eurem Hund um und entfernt euch ruhig aber sicher von dem anderen Hund. Folgt euer Hund nicht sofort, wisst ihr, dass der Rückruf noch besser trainiert werden muss.

- Habt ihr eine läufige Hündin, bleibt diese an der Leine und damit in eurer Nähe. Ihr habt die Verantwortung und könnt euch nicht darauf verlassen, dass andere Rüdenbesitzer ihre eigenen Hunde perfekt abrufen können – vor allem nicht bei DIESEM Duft! Apropos – setzt der „Worst Case" ein und es kommt zu einem ungewollten Deckakt, ist folgendes zu tun:
- 1. Die Hunde dürfen unter keinen Umständen getrennt werden während des sog. „Hängens" (Hunde bleiben während des Deckaktes mit ihren Hinterteilen verbunden. Das ist möglich, weil sich der Penis mit einem besonderen Schwellkörper in der Hündin „verhakt". In dieser Zeit wird das Sperma auf die Hündin übertragen.) Im Falle einer gewaltsamen Trennung lauft ihr Gefahr, sowohl den Rüden als auch die Hündin schwer zu verletzen und zu traumatisieren.
- 2. Die Hündin sollte sofort dem Tierarzt vorgestellt werden. Er bespricht mit euch alle weiteren Maßnahmen.

- Ist euer eigener Hund ängstlich, so haltet ihn von den angstauslösenden Reizen fern. Zum Schutz des Hundes und auch zum Schutz des anderen Hundes. Denn auch – oder gerade – ängstliche Hunde können zubeißen!
- Seid ihr selbst mit eurem Hund und dem Fahrrad unterwegs, achtet darauf, keine anderen Passanten zu behindern. Sicher ist sicher. Der Hund muss das Fahrradfahren gelernt haben. Seine Kondition sollte entsprechend aufgebaut werden und er darf keine Angst vor dem Fahrrad, der Klingel oder Ähnlichem haben. Tipp: Macht die Leine niemals am Lenkrad fest!

Nicht jeder Hund kann sofort am Fahrrad mitlaufen. Das muss gelernt werden!

I Info

Schützt eure Hunde!
Hundeknigge hin oder her. Auch eure Hunde müssen geschützt werden! Ist ein Mensch (dazu gehören auch Kinder) zu aufdringlich eurem Hund gegenüber, sollte der Hund, am besten durch einen eigenen Ruhebereich, von euch geschützt werden.

Jetzt aber....

Nun geht es los. Das Hundetraining beginnt. Die praktischen Übungen haben wir in der zum Buch passenden DVD „Der neue Hundeführerschein – leicht gemacht!" zusätzlich Schritt für Schritt für euch zusammengefasst.

Zu Anfang eines jeden guten Trainings benötigt ihr jedoch erst einmal einen Plan.

Fangt mit dem Grobziel an und klärt die Frage:

Welche Übungen sollte ich mit meinem Hund so sicher und souverän wie möglich trainieren, um den Hundeführerschein locker zu bestehen?!

Jetzt kann es losgehen. Kleiner Tipp: Mit Mehreren macht das Training doppelt Spaß!

- Sitz (und sitzen bleiben, bis es von euch wieder aufgelöst wird)
- Platz (und liegen bleiben, bis es von euch wieder aufgelöst wird)
- Hier (wenn der Hund bei euch ist, sollte er sich hinsetzen, damit ihr ihn z.B. anleinen könnt)
- NEIN als Handlungsabbruch
- Laufen an stets lockerer Leine

I Kurz & Knackig

Alle Signale sollten in der Nähe, auf Distanz als auch mit und ohne Leine trainiert werden. Genauso solltet ihr euren Hund sowohl ohne als auch mit Ablenkung führen können! Für Letzteres solltet ihr Zeit einplanen, da die meisten Hunde erst noch lernen müssen die Frustration zu ertragen, wenn sie jetzt nicht zu dem anderen Hund rennen können. Sie müssen langsam an neue Reize gewöhnt werden. Die Reizintensität sollte immer so gewählt werden, dass der Hund im Zusammenhang mit dem Reiz nicht in Stress verfällt und weiterhin durch euch kontrolliert werden kann. Funktioniert das nicht, benötigt ihr eventuell Zwischenschritte. Für den Hundeführerschein ist es erforderlich, dass der Hund alle Übungen auch unter Reizeinwirkungen wie:

- Straßenverkehr
- andere Hunde, Menschen, Kinder
- Jogger, Skater, Fahrradfahrer usw.

zeigt!

I Kurz & Knackig

Um eure Hunde einschätzen zu können, müsst ihr sie lesen und verstehen können. Beobachtet euren Hund in den verschiedensten Situationen des Alltags und lernt ihn dadurch noch ein bisschen besser kennen. Ein paar Minuten konzentriertes Beobachten reicht dazu aus. Viel Spaß dabei!

Sitz

Das praktische Training beginnt jetzt....

Der Hund sollte von euch ins „Sitz!" geschickt werden können. Ein Sitz allein reicht jedoch nicht aus. Denn mal ganz ehrlich: Was habt ihr davon, wenn sich der Hund zwar setzt, aber alleine entscheidet, wann er seinen Popo wieder anheben darf?! Daher ist es sinnvoll, direkt von Anfang an den Hund daran zu gewöhnen, dass „Sitz!" und „ok" immer zusammengehören. Das „ok" ist in diesem Fall euer Auflöse-Signal und die Erlaubnis für den Hund, wieder aufzustehen.

Eure Feinzieldefinition könnte so aussehen: „Sobald ich das Signal „Sitz!" gebe, soll sich mein Hund an der Stelle, an der er sich gerade befindet, auf den Boden setzen, und zwar 1 -2 Sekunden nach Signalgabe. Er soll solange sitzen bleiben, bis ich ihn wieder auflöse!"

Die Signale sollten danach gewählt werden, dass sie nicht allzu häufig im Alltagsgebrauch vorkommen. Benutzt ihr beispielsweise häufig „ok" in eurer Kommunikation mit eurem Partner und/oder mit euren Kindern, so kann es zu Fehlverknüpfungen kommen und der Hund lernt parallel, dass das Signal keine Bedeutung mehr für ihn hat. Er lernt nicht darauf zu hören.

I Kurz & Knackig

Übrigens passiert das auch umgekehrt, dass ein Hund jahrelang einen Begriff hört, wie etwa „Hopp" – dies jedoch (noch) keine Bedeutung für ihn hatte. Möchtet ihr ihm jetzt aber beibringen, dass er mit dem Signal „Hopp" durch einen Reifen springen soll, wird es schwer bis teilweise kaum möglich sein, ihm die Verknüpfung „Hopp" + Sprung durch den Reifen zu vermitteln. Sein Gehirn teilt ihm mit, dass das Signal umgangssprachlich „ausgelutscht" ist. In der Fachsprache nennen wir das eine „latente Hemmung".

I Kurz & Knackig

Jeder Hundehalter kann die Signale so benennen, wie er mag. Dennoch sollte klar sein, dass nur ein Signal eine Handlung auslöst und nicht mehrere Signale für ein und die gleiche Handlung gelten. Das bedeutet ganz praktisch, dass wir in der Prüfung nicht sehen wollen, dass Hundehalter ihren Hund folgendermaßen ins Sitz bringen: Sitz - Siiiitz - machst du jetzt bitte mal Sitz - meine Güte verdammt, jetzt mach mal Sitz,......

Ursprünglich wurde der Hund auf „Sitz!" trainiert und nicht auf alle oben genannten Signale. Das Gehirn „blockt" (Blocken ist der Fachbegriff), wenn ihr versucht, den Hund durch verschiedene Wörter zu ein und dergleichen Handlung zu bringen.

Für den Hund bringt das nur Verwirrung und die Erkenntnis, dass sein Hundehalter aufgrund seiner leichten, aber vorhandenen Stimmungsschwankungen keine großartigen Führungsqualitäten zeigt. Ein zuverlässiges „Sitz!" ist aus diesem Beispiel nicht zu erwarten. Ihr müsst nun als Hundehalter euren Hund einschätzen können: Kann er „Sitz!" oder weiß er noch gar nicht, worum es geht? Letzteres ist meistens beim Welpen der Fall. Aus diesem Grund beschreiben wir nun beide Anleitungen, da unterschiedliche Grundvoraussetzungen gegeben sind:

Das Training mit dem Welpen bzw. mit einem Hund, bei dem noch nicht die Verknüpfung „Sitz = Po auf den Boden" stattgefunden hat:

1. Ihr benötigt ein Hilfsmittel, womit ihr den Hund zum gewünschten Verhalten bekommen könnt. Das kann ein Leckerchen sein, was ihr in eurer Hand haltet.
2. Dieses haltet ihr nun an die Hundenase an, sodass er den Geruch wahrnimmt und ihr eine Startposition habt.

Das „Sitz!" ist wahrscheinlich die einfachste Übung – braucht jedoch auch eine Menge Wiederholungen.

3. Der Hund wird nun eurer Hand neugierig folgen, die ihr langsam über den Hundekopf in Richtung Nacken zieht. Der Hund wird dadurch reflexartig ins „Sitz!" kippen, je weiter er den Kopf in den Nacken streckt.

4. Sitzt er mit dem Po auf der Erde und hat die Vorderläufe durchgestreckt, kann er mit dem Leckerchen belohnt werden.
5. Natürlich lebt diese Übung durch Wiederholung, denn nur dann wird euer Hund die Übung auch sicher beherrschen.
6. Sobald Routine in den Ablauf des Trainings kommt und der Hund sich sicher in eurem Trainingsablauf setzt, wird es Zeit, das Signal (Kommando) „Sitz!" einzuführen. Dies geschieht nach der Lerntheorie 0,5 Sek. bevor der Hund das gewünschte Verhalten zeigt. Könnt ihr als Hundehalter nun also sagen, dass er sich 100%ig hinsetzen wird, wenn er den Kopf nach hinten neigt, kann das Signal eingeführt werden und er wird es mit dem Popo, der nahezu zeitgleich den Boden berührt, in Verbindung bringen. Durch die anschließende Bestätigung des positiven Verstärkers (Leckerchen), bleibt die Übung in guter Erinnerung und macht Lust auf mehr!

Zum Kommando kann nun auch ein Sichtzeichen eingefügt werden.

7. Viele Hundehalter wünschen sich als Sichtzeichen den Zeigefinger dazu. Dieser darf natürlich gerne zeitgleich (oder 0,5 Sek. eher, wenn das Hörzeichen bereits bekannt ist) mit dem Signal „Sitz!" eingeführt werden.
8. Sobald ihr nun die Signale eingeführt habt, wird es Zeit, die Leckerchen und die Hilfsmittel langsam abzubauen. So entwickelt sich für den Hund auch nicht die Fehlverknüpfung, dass ein Leckerchen immer zum „Sitz!" gehört!

I Kurz & Knackig

Bei der Übung „Sitz!" benutzt ihr das Leckerchen für zwei Aufgaben! Zuerst dient es als Motivator/ Hilfsmittel für den Hund. Nach erfolgreicher Trainingsphase bekommt euer Hund das Leckerchen und es dient als positiver Verstärker. Tatsächlich könntet ihr auch zwei unterschiedliche Mittel benutzen. Der Hund wird mithilfe des Leckerchens in die gewünschte Position gebracht, aber mit einem Ballspiel belohnt.

I Kurz & Knackig

Von körperlichen „Nachhilfestunden", indem ihr mit der Hand auf den Hunderücken drückt, damit er sich setzt, raten wir dringlich ab. Denn hier kommt es häufig nur zu Fehlverknüpfungen: Entweder lernt der Hund: „Wenn mein Mensch „Sitz!" sagt, drückt er auf meinem Rücken herum." Oder er denkt vielleicht: „Wenn mein Mensch „Sitz!" sagt, heißt das noch nichts Besonderes. Wenn er allerdings dann auch noch auf meinen Rücken drückt – und nur dann – soll ich mich hinsetzen."

Sitz - überall im Alltag

Der Hund kann bereits „Sitz"...

...dann ist die oben beschriebene Übung nicht mehr relevant. Stattdessen sollte nun trainiert werden, dass euer Hund das „Sitz!" auch immer und überall umsetzen kann.

Ein sicheres „Sitz!" kann im Straßenverkehr das Leben des Hundes retten.

Dazu sucht ihr euch am besten verschiedene Trainingsorte. Sinnvoll im Hinblick auf den Hundeführerschein ist es, sich mindestens zwei verschiedene Örtlichkeiten zu suchen. In der Prüfung werden wir die Lokalitäten wechseln. Zuerst beginnen wir die praktische Prüfung auf einem eingezäunten Hundeplatz und anschließend gehen wir in die belebtere Umwelt, z.B. in den öffentlichen Straßenverkehr, in Grünanlagen oder Ähnliches.

Fakt ist jedoch, je mehr ihr mit eurem Hund an verschiedenen Orten trainiert, umso besser. Er wird dadurch wesentlich entspannter auf generelle Reize im Alltag reagieren.

Gute Trainingsorte und -gelegenheiten sind:

- Straßenverkehr, Bürgersteig
- Stadt
- Parkanlagen
- Waldgebiete
- in der Nähe von Kindergärten und Schulen (So kann sich der Hund aus der Distanz heraus an Trubel gewöhnen und der Hundehalter erkennt, ob er ihn gut lenken kann!)
- Spaziergänge
- Wohnung, Garten
- in Kombination mit anderen Hunden und Menschen
- auf Hundewiesen

Ebenfalls sollte sich euer Hund aus verschiedenen Situationen und Gegebenheiten von euch in das „Sitz!" schicken lassen:

- Aus dem Stehen heraus (sowohl Hund und Halter)
- aus dem Laufen heraus (sowohl Hund und Halter)
- Wenn ihr weiter weg steht (der Hund soll nicht zurückkommen, sondern sich an seiner Position in das „Sitz!" begeben)

Wie trainieren wir das „Sitz!" auf Distanz?

Das Ziel sollte sein, dass sich der Hund, sobald er euer Signal „Sitz!" hört oder das Sichtzeichen dazu sieht, an genau dieser Stelle auch auf den Boden setzt. Das könnte rein theoretisch auch 50m weit weg von euch sein.

Viele Hunde gewöhnen sich daran, dass sie zuerst zum Hundehalter zurückkommen und sich dann brav neben ihn setzen. Na klar, dass habt ihr ihm ja auch lange Zeit so beigebracht und es ist das gebräuchlichste „Sitz". Dennoch hilft es, wenn er das „Sitz" losgelöst von euch macht. Zum einen schult es das Distanztraining und zum anderen fördert es gleichzeitig eure Führungsqualitäten gegenüber eurem Hund.

Übung: Sitz auf Distanz

1. Eine Hilfsperson sollte euch bei dieser Übung unterstützen. Diese kann dann den Hund an einer Leine festhalten. Wenn kein Helfer vorhanden ist, kann der Hund mithilfe einer Leine an einem Laternenpfahl oder Ähnlichem fixiert werden.
2. Die Hilfsperson dient nur zur Unterstützung, indem sie den Hund an der Leine festhält. Weitere Kommunikation mit dem Hund ist nicht nötig. Ihr entfernt Euch dann ein paar Schritte von eurem Hund (ca. 1 - 2m reichen anfänglich aus).

Anstelle einer Hilfsperson kann der Hund auch an einem Pfosten oder einer Laterne fixiert werden.

3. Nun fordert ihr den Hund auf, sich ins „Sitz!" zu setzen. Durch sein bisheriges Training wird er versuchen zu euch zu kommen und sich dann neben euch setzen. Die Hilfsperson bleibt aber stehen und hält nur mit der Leine dagegen, indem sie die Leine festhält, nicht aber den Hund mit Kraft oder gar Gewalt zurückhält.
4. Der Hund wird feststellen, dass er nicht zu euch kommen kann und sich an die Stelle setzen, an der er fixiert wurde. Sofort wird der Hund von euch gelobt und anschließend wieder aufgelöst.
5. Langsam aber sicher könnt ihr dann die Abstände vergrößern, wobei sich euer Hund nicht nur an ein Schema gewöhnen sollte. Daher solltet ihr die Abstände mal erweitern und mal wieder reduzieren. Sobald Ihr feststellt, dass sich die Leine nicht mehr spannt, kann diese inkl. der Hilfsperson auch in kleinen Schritten abgebaut werden.

Anschließend wird alles mit zunehmender Ablenkung und in verschiedenen Situationen trainiert.

Wie sag ich´s meinem Hund – dass er wieder losgehen darf?!

Nun wird es Zeit, das passende Auflösesignal einzuführen. Wie oben schon erwähnt, nützt das schönste „Sitz!" nichts, wenn euer vierbeiniger Freund es selbst auflöst.

1. Ihr bringt Euren Hund ins „Sitz".
2. Ihr nutzt ein Leckerchen und „dockt" es wieder an die Hundenase. Nun zieht ihr es waagerecht von eurem Hund weg und motiviert ihn mit freundlicher Stimme diesem zu folgen – und somit seine Position aufzulösen.

Das Auflösesignal richtig trainieren.

3. Folgt der Hund, führt ihr wieder zum exakten Zeitpunkt das Signal ein. Wenn der Popo nun aus dem Sitz hochgeht, ertönt von euch das Signal „Ok".
4. Durch viele Wiederholungen kann der Hund eine Verknüpfung herstellen und danach kann natürlich das Signal vor die Durchführung gesetzt werden.
5. Der Zeitabstand zwischen „Sitz!" und „Ok" darf dann immer weiter gesteigert werden. Der Hund reagiert sehr schnell darauf. Macht er während des Trainings dennoch einen Frühstart, darf er, während er aufsteht, mit einem „Nein" korrigiert werden und mit einem freundlichen „Sitz!" wieder in seine vorherige Position aufgefordert werden. Dann kann die Übung problemlos weitergehen.

Platz

Platz – auch dieses Signal lohnt sich für eure Hunde

Als gängiges Signal solltet ihr das „Platz" einführen. Euer Hund soll sich umgehend 1 - 2 Sekunden nach Signalgabe hinlegen, und zwar so, dass die Hinterläufe zur Seite liegen und euer Hund dabei entspannen kann. So lange, bis ihr ihn wieder auflöst.

Auch bei der Übung „Platz!" sollte ein schmackhaftes Leckerli in der Tasche nicht fehlen.

Wenn ihr das „Platz" trainieren wollt, ist es meist einfacher, wenn euer Hund zuvor das „Sitz!" gelernt hat - quasi als Ausgangssituation.

1. Sitzt er, könnt ihr ihm ein Leckerchen vor die Nase halten und es jedoch so fest halten, dass euer Hund nicht von alleine daran kommt. Eure optimale Position ist kniend / hockend vor oder neben eurem Hund.
2. Zieht eure Hand langsam senkrecht Richtung Boden. Euer Hund sollte mit seiner Schnauze folgen. Je weiter eure Hand nun Richtung Boden kommt, umso entspannter wird die Position für den Hund, wenn er sich hinlegt.

Sobald der Hund in der gewünschten Platz-Position liegt, führt ihr das Signal „Platz" ein und belohnt ihn mit einem Leckerchen.

3. Beherrscht der Hund die Übung nach vielen Wiederholungen, ist es wichtig, dass ihr auch eine stehende Position einnehmt, wenn Ihr das „Platz" einfordert. Andernfalls könnte euer Hund diese Situation nur mit euch in kniender Position verknüpfen.

Den Hund mit der Hand ganz nah zum Boden führen.

Die Hand soweit zum Boden führen, bis der Hund eine entspannte Position eingenommen hat.

I Kurz & Knackig

Viele Hunde legen sich nicht ganz freiwillig hin und die Übung dauert länger, als dem Hund das „Sitz!" beizubringen. Das bringt oftmals Unverständnis für den Hundehalter – aber ihr müsst bedenken, dass euer Hund sich in seiner Position kleiner macht und je nach Situation gefällt das nicht jedem. Daher hilft es, wenn das „Platz" alternativ so trainiert wird, dass ihr euch mit in die Hocke kniet, ein Bein gerade ausstrecken und den Hund von der einen Seite mit einem Leckerchen durch euer Bein ziehen. Körperlich wird mit dem Bein aber nicht gearbeitet – also bitte keinen Druck damit auf den Hund aufbauen. Legt sich der Hund unter euer Bein, kann das Signal eingeführt und das Leckerchen gegeben werden.

I Kurz & Knackig

Alle Trainingsvarianten der „Sitz"-Übungen gelten natürlich beim „Platz" entsprechend! Und es macht durchaus Sinn, wenn euer Hund das Auflösekommando „Ok" ebenfalls nach dem Signal „Platz" beherrscht.

Abrufen - jetzt richtig

Der Abruf - wenn er denn mal kommt...

In der Tat ein häufig gehörter Satz. Dennoch sollte dieser Satz - gerade wenn es um den Hundeführerschein geht – der Vergangenheit angehören. Der sichere Abruf wird gefordert und mal ganz ehrlich, jeder ist froh und erleichtert, wenn sein Hund gerne und sicher zurückkommt.

Der Abruf muss regelmäßig trainiert werden.

Das Schöne ist, dass der sichere Abruf leicht erlernt werden kann. Es handelt sich dabei nicht um ein Hexenwerk. Und ja – auch bei jagenden Hunden.

Mit Sicherheit denken sich jetzt mehrere von euch: „Ja nee, is klar..meiner lässt sich bestenfalls zu 70% sicher abrufen. Aber wenn der ein Reh sieht, dann ist er weg!"

Jetzt die gute Nachricht: Der sichere Abruf lässt sich relativ einfach erlernen. Dazu ist es erst einmal nötig, alle Altlasten hinter sich zu lassen. Damit meinen wir, dass ein 70%iger sicherer Abruf eine Altlast ist, die einen 100%igen sicheren Abruf nur blockieren würde.

Bedeutet: Alle alten Rituale rund um das Thema Abruf können vergessen werden und ihr beginnt am besten ganz neu!

Das neue „Feinziel" könnte lauten: „Wenn ich das Signal „Hier" gebe, soll sich mein Hund sofort zu mir umdrehen und sich freudig erregt auf direktem Weg zu mir hinbewegen. Gleichzeitig soll er sich in einem Abstand von 20cm vor mich hinsetzen und warten, bis ich ihm ein neues Signal gebe."

Folgendes steht nun auf eurem Trainingsplan:

1. Ihr benötigen ein neues, sicheres Abrufsignal. „Komm", „Hier", „Komm her" und Co. werden alle verbraucht sein. Bei dem neuen Wort solltet ihr bedenken, dass ihr es im täglichen Alltag nicht nebenbei ge- und damit verbraucht. Im weiteren Verlauf dieser Übung nennen wir es jetzt „Rückzug".
2. Entgegen vieler Meinungen startet ihr die Übung nicht irgendwo draußen, sodass euer Hund bestenfalls weit von euch entfernt ist. Nein – ihr startet im „Nahkampf". Euer Hund sollte sich im Zimmer gut ein bis zwei große Schritte von euch entfernt aufhalten.

Das richtige Abruftraining beginnt in den eigenen 4 Wänden.

3. Ihr beginnt durch Schnalzen mit der Zunge, Locken usw. damit, auf euch aufmerksam zu machen. Gleichzeitig könnt ihr Leckerchen in der Hand parat halten.
4. Von Neugier getrieben, wird der Hund direkt – meist und hoffentlich in freudiger Erwartung – auf euch zulaufen.

Viele Hundehalter haben es gern, wenn der Hund nach dem Abruf ins Sitz geht.

5. Bei vielen Hunden macht es Sinn, ihnen beizubringen, dass das Herankommen an sich noch nicht reicht, sondern ein Vorsitzen erwünscht ist.
6. Dazu müsst ihr nur abwarten, denn kommt er freundlich angelaufen, wird er nun „wissen wollen", warum ihr so aufmerksam geschnalzt habt. Er wird sich setzen.
7. Damit ist die Abrufübung über positive Bestätigung umgesetzt. Der Hund bekommt das Signal „Rückzug" und natürlich das Leckerchen.

Natürlich sollte das Leckerchen ein SUPER-JACKPOT sein! Wir müssen alles geben, weil wir ja auch alles wollen!

I Kurz & Knackig

Keine Sorge, der Hund bekommt keine Fehlverknüpfung, wenn er für die letzte Handlung, nämlich für das „Vorsitzen", das Signal „Rückzug" bekommt, obwohl es in einem Sitz endet. Durch den immer wiederkehrenden Effekt kann er eine Handlungskette erkennen, dass dem „Sitz!" immer noch ein Herankommen vorausgeht und das dann IMMER wieder so ist. Damit ist es ein neues Signal und eine neue Handlung:

Herankommen + Vorsitzen = „Rückzug"!

Da das Signal ja nun SEHR wichtig ist und sich Prüfer den sicheren Abruf auch ganz sicher ansehen werden („zwinker-zwinker") während der Hundeführerscheinprüfung, ist es nötig, dass dies auch draußen funktioniert. Mit anderen Worten: Setzt das Training umgehend auch auf dem Spaziergang um.

I Info

Eine gute Stimmung ist Voraussetzung!
Ihr wollt ja, dass euer Hund gerne zu euch zurückkommt. Besteht aber noch keine richtige Verknüpfung zwischen dem Signal „Rückzug" und der gewünschten Handlung, könnt ihr euch auch hinhocken und euren Hund zu euch locken. Das hilft manchmal ganz gut. Wichtig dabei ist, dass ihr eine gute Stimmung haltet und das Signal zu diesem Zeitpunkt noch nicht eingeführt wird. Das Signal solltet ihr erst dann einführen, wenn der Hund sicher zu euch kommt.

Wenn Hunde nicht sicher zurückkommen, müssen sie durch eine Leine abgesichert werden. Übrigens ein kleiner Tipp am Rande, falls die Prüfer fragen, ob ihr auch Aufgaben ohne Leine durchführen wollt: Antwortet nur mit „ja", wenn diese Übungen auch funktionieren! Es entsteht kein Nachteil für euch, wenn der Hund angeleint bleibt. Stattdessen habt ihr bewiesen, dass ihr auf Nummer sicher geht und vorausschauend handelt.

Ihr solltet bedenken, dass es Hunde gibt, die merken, dass:

- sie im Freilauf machen können, was sie wollen, wenn ihr keinen Zugriff auf sie habt – und das macht Spaß.
  Warum sollten sie das Verhalten einstellen?!
- sie anderen Mitmenschen (inkl. Kindern!) Angst machen können! Und einigen Hunden macht es Spaß, Menschen zu erschrecken.

Zum Außentraining eignet sich eine Schleppleine (eine lange Leine von ca. 5 – 15 m Länge) hervorragend. Natürlich sollte das Rückruftraining auch an der normalen Leine geübt werden. Das hat den Vorteil, dass der Hund nicht lernt: „Ah, jetzt ist die Schleppleine dran – jetzt wird der sichere Abruf trainiert".

Eine Schleppleine eignet sich hervorragend um den „Abruf" zu trainieren.

Um den Hund eben nicht an den gleichen Kontext zu gewöhnen, wechselt man gerne mal die Leinen. Bitte beachtet, dass alle Hundeleinen für den sicheren Abruf nur Hilfsmittel für den Übergang sind. Ziel ist es, dass diese schnellstmöglich ausgeschlichen werden können. Das heißt, dass die Leine langsam wieder abgewöhnt wird.

I Kurz & Knackig

Flexileinen werden immer heiß diskutiert. Die einen lieben sie, die anderen hassen sie. Fakt ist, dass sie zum Abruftraining jedoch nicht gut geeignet sind und daher gegen Schleppleinen getauscht werden sollten. Denn im Gegensatz zur Schleppleine liegt auf der Flexileine eine Dauerspannung und der Hund gewöhnt sich daran, dass ein Zug auf der Leine besteht.

Zur Absicherung aber bitte erst einmal mit Leine:

1. Der Hund soll sich an der Schleppleine wohlfühlen. Dazu macht ihr die Leine während des Spazierganges am Hund fest und lasst den Hund einfach damit herumlaufen. Die Leine darf auch gerne auf dem Boden schleppen und muss zu diesem Zeitpunkt auch nicht in der Hand liegen. Euer Hund sollte nicht die Verknüpfung Leinenwechsel = Übung bekommen.

Die Schleppleine muss anfänglich nicht in der Hand liegen.

2. Nach einiger Zeit kann die Leine in die Hand genommen werden.
3. Wurde die oben genannte Rückruf-Übung zu Hause fleißig trainiert, besteht bereits eine Verknüpfung. Ihr startet, indem euer Hund mit dem Signal „Rückzug" abgerufen wird. Klappt es gut, lobt ihr ihn! Die Leine wird dabei nicht berührt oder als Kommunikationsmittel genutzt!
4. Ruft ihr ihn und er kommt nicht, weil der Ablenkungspegel noch zu hoch ist, könnt ihr über ein Abbruchsignal „NEIN" arbeiten. Fordert euren Hund anschließend mit einem freundlichen „Rückzug" wieder auf, zu euch zu kommen. Klappt das dann direkt, folgt wieder der Jackpot! Damit der Hund auch einen Sinn darin sieht, zu euch zu kommen, ist es wichtig, dass ihr euch bei seiner Rückkehr immer freut! Auch wenn es in bestimmten Situationen schwerfällt.
5. Klappt das auch nicht und die Strafeinwirkung durch das „Nein" allein reichte nicht aus, müsst ihr die Intensität steigern. Bedeutet: Reagiert der Hund nicht auf „Rückzug", folgt ein erneutes „Nein" und ein kurzes Festhalten der Leine. Der Hund soll nur davon abgehalten werden, weiterzulaufen und soll auf keinen Fall Angst bekommen, in die Leine preschen oder herangezogen werden! Der Leineneinsatz dient lediglich dem Abbruch des Weiterlaufens. Der Hund soll nicht mit der Leine herangezogen werden, sondern freiwillig kommen.
6. Die Leine wird danach sofort wieder entspannt, der Hund gelockt und motiviert zu euch zu kommen. Unter gar keinen Umständen wird er gezogen! Jeder Schritt, der zu euch führt, wird durch euch mit Lob-Worten bestätigt.

Jeder Schritt zu euch wird durch ein kräftiges Lob bestätigt.

Durch diese Übungen gewöhnt sich euer Hund an die Leine. Dadurch, dass ihr ihm während des Trainings ganz viel positive Aufmerksamkeit schenkt, werdet ihr automatisch immer wichtiger für ihn. Langsam baut ihr dadurch eine stärkere Bindung auf und werdet vor allem spannend für ihn. Mit anderen Worten: Ihr bekommt seine Aufmerksamkeit! Während des Spaziergangs vielleicht gar nicht so verkehrt.

I Aus dem Nähkästchen geplaudert

Klaus Meyer besuchte uns in unserer Praxis zu einem Infogespräch und berichtete, dass sein Dackel „Waldemar" seit einigen Monaten immer schwerfälliger und langsamer zu ihm zurückkam – als Herr Meyer uns dann demonstrierte, wie er seinen „Waldemar" zurückrief, war schnell klar, warum er nicht wirklich freiwillig zu seinem Herrchen kam:

Herr Meyer rief ihn schon beim ersten Mal mit einem bestimmten Unterton und nachdem „Waldemar" nicht beim ersten Mal „parierte", kam das Rufen eher einem Wutanfall gleich. Als er schließlich langsam angekrochen kam (im wahrsten Sinne des Wortes), hat er dann noch mit der Leine Schläge bekommen. Mal im Ernst – welche Motivation soll dieser Hund nun tatsächlich haben beim Zurückzukommen?! Freudig erregt geht anders!

I Kurz & Knackig

Klappt der Rückruf mit und ohne Leine schon sehr gut, könnt ihr damit beginnen, die Leine wegzulassen. Dennoch tut es manchen Hundehaltern hin und wieder auch ganz gut, wenn sie z.B. durch die Brut- und Setzzeit an das Training erinnert werden. Das motiviert eventuell, um einmal wieder bewusst mit dem Hund zu trainieren.

Der Rückruf sollte immer lange und gründlich geübt werden. Hundehalter müssen sich viele, viele, viele Wochen/Monate, teilweise auch Jahre mit dem Thema beschäftigen. Denn auch hier gilt – er sollte aus allen Situationen sicher abrufbar sein! Auch, wenn er gerade mit anderen Hunden spielt oder zum Galopp ansetzt, weil er auf Passanten zuläuft, die er „nur" durch Anspringen begrüßen möchte... Der Weg lohnt sich!

Das Verbotswort „Nein" bzw. „Aus"

NEIN! – auch das muss sein.

Feinziel: „Auf das Signal „Nein" soll der Hund das unerwünschte Verhalten, welches er gerade durchführt, abbrechen."

Gott sei Dank haben sich die Zeiten geändert und Hundehalter wissen heutzutage, dass Hunde durch positive Bestätigung und entsprechende Einwirkung sehr gut gelenkt und erzogen werden können.

Dennoch ist es nötig, dass ihr eurem Hund Grenzen aufzeigt – klaut er ein Kotelett aus der Pfanne, müsst ihr ihm ja schließlich mitteilen,

dass ihr das nicht wollt. Aber auch das richtige „NEIN" muss trainiert werden. Sicherlich kann man das einfach ausprobieren – die Gefahr ist jedoch zu groß, dass ihr euren Hund mit einem zu starken „NEIN" verängstigen könnt. Gleichzeitig lernt ihr durch ein gezieltes Training, die Intensität des „NEIN" individuell auf den Hund anzuwenden. Im Optimalfall reicht es dann einmalig aus, das „Nein" so einzusetzen, dass der Hund das ungewünschte Verhalten nicht mehr zeigt.
Damit Strafe wirkt – in der Fachsprache sprechen wir auch bei dem Einsatz durch das gesprochene Wort „Nein" von einer positiven Strafe – müssen drei Dinge aufeinandertreffen:

K = Konsequenz
I = Intensität
T = Timing

Konsequenz bedeutet, dass ihr immer eine Strafe setzen müsst, wenn der Hund ein Verhalten unterlassen soll. Die Intensität muss so gewählt werden, dass es schnell zum Abbruch führt, ihn aber nicht verängstigt. Und das Timing sollte so gewählt werden, dass der Hund unmittelbar/sofort das „NEIN" hört, wenn er gerade etwas falsch macht. Reagiert der Hund nicht sofort auf euer „NEIN", stimmt eine der drei Komponenten nicht.

Vorab muss dem Hund aber der Handlungsabbruch beigebracht werden:

1. Mehrere Leckerchen liegen in eurer Reichweite. Eins nehmt ihr in die Hand und gebt es eurem Hund mit einem „Ok" frei. Er darf es nehmen. Durch Wiederholungen wird der Hund schnell Spaß daran finden.

Bei diesem Übungsaufbau ist die Verlockung für euren Hund groß.

2. Nach dem dritten oder vierten Leckerchen bietet ihr eurem Hund erneut eins an und gebt es jedoch nicht mit „Ok" frei, sondern sagt stattdessen sehr bestimmt „NEIN". Sollte die Intensität zu schwach und der Reiz des Leckerchens zu groß sein, macht es Sinn, zu Beginn des Trainings noch eine Faust zu machen, sodass der Hund durch einen „Versuch" nicht an das Leckerchen kommt.
3. Hält der Hund einen Abstand zur Hand, könnt ihr diese wieder für den Hund mit dem Signal „OK" freigeben und er darf sich das Leckerchen wieder nehmen.

Obwohl es sich um einen Handlungsabbruch handelt, lernt der Hund dies über positive Bestätigung, denn Schritt 1 und 3 motivieren ihn mehr, als Schritt 2 demotivieren würde. Probiert es aus!

I Kurz & Knackig

Der Hund soll nicht nur lernen, dass er auf euer „Nein" reagieren soll, wenn ihr etwas in der Hand habt. Auch Dinge, die auf dem Boden liegen, wie z.B. Brötchen in der Fußgängerzone, Taschentücher oder eventuell sogar ausgelegte Giftköder sollten durch ein „Nein" verboten werden können

Sobald ihr euren Hund über das „Nein" sicher lenken könnt, ohne dabei eine Faust machen zu müssen, lässt sich das Leckerchen auch an anderen Orten positionieren (auf dem Boden, mitten in der Stadt, im Wald usw.). Ihr lenkt ihn jetzt nur noch über die Stimme.

Leinenführigkeit

Leinenführigkeit - geliebt und gehasst zugleich!

Wenn die Leinenführigkeit funktioniert, ist es genial, doch klappt sie nicht, kann es zu einem Desaster werden. Für den Hundeführerschein ist es aber nötig, dass der Hundehalter seinen Hund draußen in der Öffentlichkeit gut kontrolliert führen kann und dabei eine halbwegs vernünftige Figur macht. Auch für Außenstehende wirkt ein Hund, der an durchhängender Leine läuft, wesentlich freundlicher als ein Hund, der seinen Besitzer von A nach B zieht.

Das entspannte Laufen an der Leine ist mit Sicherheit die Königsdisziplin – aber auch nicht unmöglich!

Die größte Herausforderung bei einer gut funktionierenden Leinenführigkeit ist, dass es sich um einen fortlaufenden Prozess handelt und nicht um ein einfaches Signal, wie etwa das „Sitz". Das bedeutet, dass ihr euch darauf einstellen solltet, mehrere Wochen bzw. Monate einzuplanen, bevor der Hund wirklich entspannt an der Leine läuft. Investiert ihr die Arbeit und die Zeit, kann das jedoch der Schlüssel zum Erfolg und somit zu einem entspannten Spaziergang sein.

Zeit für eine Feinzieldefinition: Mein Hund soll an lockerer, durchhängender Leine spazieren gehen und auch entspannt sein, wenn er anderen Hunden und Menschen begegnet.

Wie bei vielen anderen Hundehaltern sieht es bei euch eventuell auch so aus, dass der Hund mit euch Gassi geht. Warum? Weil ihr es zulasst! Wenn ihr mit eurem Hund spazieren geht, dann seid ihr vielleicht gedanklich ganz woanders. Die meisten machen sich Gedanken über den Tag, gehen im Kopf ihre Einkaufsliste durch oder planen die Erledigungen für den folgenden Tag.

Versetzt euch einmal in die Lage eures Hundes. Wenn euer Hund spazieren geht, denkt er sich: „Los geht's, auf zur gemeinsamen Jagd!! Wir machen etwas Schönes zusammen." Er ist voll und ganz bei der Sache. Gleichzeitig bemerkt er aber auch eure Abwesenheit und sucht sich dann wiederum ein eigenes Hobby. Mit anderen Worten, ihr seid nicht mehr interessant und er möchte seine Umgebung erkunden. Dazu zieht er natürlich an der Leine.

Zum Training wird ein weiteres Halsband/Geschirr eingeführt.

Dies ist jedoch meist etwas weiter weg und damit der Hund schneller hinkommt, zieht er halt. Hunde haben damit natürlich Erfolg, schließlich haben sie einen Allradantrieb.

I Kurz & Knackig

Nun wird es aber Zeit für eure Strategie! Zeit dafür, dass ihr ihm mitteilet, was Ihr wollt! Eine attraktive Zielformulierung könnte sein:

„Mein Hund soll an entspannter Leine laufen. Dabei möchte ich diese an zwei Fingern halten und er ist derjenige, der auf die Leinenspannung selbst achten soll. Dieses Verhalten soll er in allen Situationen, auch unter starker Ablenkung, zeigen!"

Das kann nun in mehreren Schritten umgesetzt werden.

1. Zu seinem normalen Equipment, wie etwa sein Geschirr und Leine, bekommt er nun noch ein weiteres Halsband um (es kann auch ein Geschirr sein).
2. Ihr startet also den Spaziergang mit Halsband und Geschirr um den Hundehals. Der Hund wird am bekannten Geschirr befestigt und damit geht ihr ganz normal aus dem Haus. Die ersten zehn Minuten bleibt alles beim Alten. Der Hund kann sich lösen und den ersten Dampf ablassen. Da die meisten Hunde zu Beginn des Spaziergangs sehr aufgeregt sind, solltet ihr den Trainingsbeginn etwas nach hinten verschieben.
3. Sobald sich der Hund ein wenig herunter gefahren hat und ihr euch zudem an einem reizarmen Plätzchen befindet, wechselt ihr nun die Leine vom Geschirr auf das (Arbeits-)halsband. Das wird im Laufe der Zeit zu einem Start-Ritual.

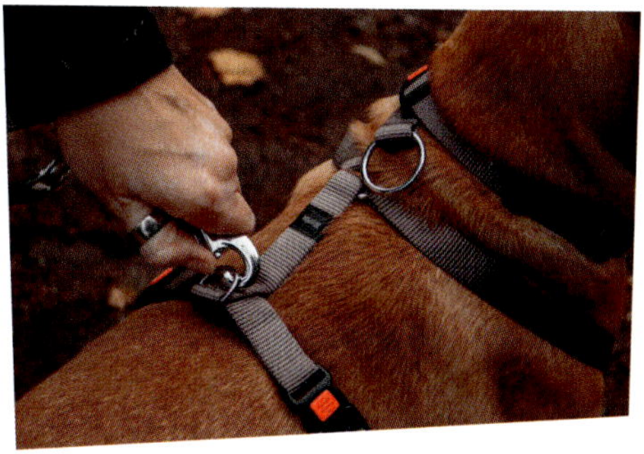

Sobald auf das andere Halsband/Geschirr gewechselt wird, heißt es: Das Training beginnt!

4. Ab jetzt heißt es: Ist der Hund am Arbeitshalsband, wird jeder Zug, den er macht, korrigiert. Eine Korrektur kann so aussehen:
   a. Ihr bleibt stehen, sobald Spannung auf die Leine kommt.
   b. Ihr lauft in die Gegenrichtung – Achtung, das ist nicht für jeden Hund geeignet! Für Hunde, die schnell ihre Umwelt wahrnehmen und starkes Interesse daran zeigen, ist diese Übung ein gefundenes Fressen!

Sobald der Hund zu viel Zug an der Leine ausübt, bleibt ihr stehen.

5. Somit unterstützt ihr nicht noch sein Ziel, schnellstmöglich am Objekt der Begierde anzukommen, sondern unterbrecht diese Sequenz.
6. Hat das funktioniert, erfolgt der nächste Teilschritt – ihr benötigt seine Aufmerksamkeit. Das Ziel wurde so definiert, dass der Hund nun von sich aus auf die Leinenspannung achtet, bedeutet, dass er die Leine selber entspannt und nicht ihr! Bevor ihr weitergeht, müsst ihr also warten, bis der Hund einen Schritt zu euch zurückkommt und damit die Leine entspannt. Oft wird den Haltern das zu langweilig und sie machen einen Schritt auf den Hund zu. Dabei entspannt die Leine auch, aber der Hund versteht nicht, dass es seine Aufgabe ist und es kommt zu folgender Fehlverknüpfung aus Sicht des Hundes: „Ah, immer wenn ich zu stark ziehe, bleibt mein Herrchen stehen – aber das macht nichts, denn er geht schnell wieder weiter und dann kann ich auch wieder ziehen." Um das zu vermeiden, wartet ihr, bis ihr die Aufmerksamkeit des Hundes habt – an dieser Stelle sind kleine Tricks wie Schnalzen, Pfeifen usw. erlaubt.
7. Ist die Leine entspannt, geht es weiter – höchstwahrscheinlich nur ein oder zwei Schritte und der Hund hängt schon wieder in der Leine. Ihr wiederholt dann ab Punkt 4.
8. In Extremfällen ist ein ständiges „Stop-and-go" vorprogrammiert – ebenso wie eine schnelle Frustration eurerseits. Insgeheim wisst ihr schon, dass ihr das nicht täglich auf 4 Spaziergängen durchhaltet. Bei dieser Art des Trainings macht das aber nichts, denn ihr arbeitet ja mit zwei Halsbändern. Das bedeutet: Sobald ihr merkt, dass ihr keine Lust oder Konzentration mehr habt oder eventuell der Staatsfeind Nummer 1 an der nächsten Ecke wartet und das Trainingsergebnis sowieso zerstört wird, heißt es: Umrüsten auf das alte Geschirr. Durch dieses Umrüsten habt ihr (euch selbst) eine Schlupfmöglichkeit geschaffen. Euer Hund

lernt nun Folgendes: An dem normalen Halsband ist mein Frauchen wie immer. Hat sie mich jedoch an dem anderen Halsband angeleint, ist Sie 100% konsequent und korrigiert jedes Mal, wenn ich an der Leine ziehe. Euer Hund lernt, dass das Ziehen an der Leine nichts bringt und er wird das Verhalten einstellen. Schon nach einer Woche werdet ihr den Unterschied merken, dass der Hund am Trainingshalsband wesentlich entspannter geht.

Wichtig: Der Hund soll im Training selbständig zu euch zurückkommen – ihr geht nicht auf ihn zu!

9. Ihr unterstützt euren Hund, wenn ihr so viel trainiert wie möglich. Aber bitte nur mit guter Laune.
10. Pro 60-minütigem Spaziergang empfehlen wir für den Anfang 3 – 4 Trainingseinheiten zu je 4 Minuten. Ihr werdet in der Zeit stark konzentriert sein, da ihr das Timing gut im Auge behalten müsst. Ihr müsst schließlich sofort stehenbleiben, wenn der Hund an der Leine zieht. Das kann durchaus anstrengend für euch sein.
11. Zu guter Letzt solltet ihr auch immer euren Weg gehen und nicht den des Hundes! Also, Oberkörper groß und gerade machen, ein Ziel anvisieren, zu dem ihr geradeaus oder bestenfalls leicht nach oben sehen müsst. Das signalisiert Führungsqualitäten! Wir wünschen viel Spaß beim erfolgreichen Training!

I Kurz & Knackig

Wir empfehlen, dass die Leine statt mit der ganzen Hand nur mit zwei Fingern festgehalten wird. Auch bei stark ziehenden Hunden, da ihr dadurch ein perfektes Timing erzielen könnt. Zieht der Hund, wenn ihr ihn an zwei Fingern haltet, reagiert ihr schneller und präziser. Wenn ihr die Leine mit der Faust festhaltet, könnte euch möglicherweise erst nach wenigen Sekunden auffallen, dass euer Hund bereits einen Leinenzug ausgelöst hat. Und das ist für das Training kontraproduktiv.

I Kurz & Knackig

Haltet die beiden Finger an einem Fixpunkt an eurem Körper. Das kann am Bauch, an der Gürtelschnalle oder im Brustbereich sein. So bekommt der Hund einen festen Leinenradius und nicht noch eine unbewusste Bestätigung für das Ziehen, wenn ihr mit eurem gesamten Arm nachgeben würdet – und das tut man meistens automatisch. Einfach mal darauf achten!

Ablauf der praktischen Prüfung

Ist der große Tag gekommen, ist jeder Hundehalter natürlich auch etwas nervös.

Damit die Aufregung sich jedoch im Rahmen hält, erklären wir auch hier kurz den Ablauf der praktischen Prüfung. Wenn sich Prüfer und Prüflinge treffen, gibt es erst einmal einen kleinen Smalltalk. Dabei lernen wir die Prüflinge kennen und diese lernen umgekehrt, dass wir Prüfer nicht beißen. ☺

Zuerst lesen wir euch die Prüfungsordnung zur praktischen Prüfung vor. Darin steht sinngemäß:

- Die praktische Prüfung ist im ersten Jahr der Hundehaltung abzulegen.
- Die Prüfung darf nur von anerkannten Prüfern abgenommen werden.
- Die Prüfungsdauer beträgt ca. 60 min.
- Die Prüfung findet an zwei unterschiedlichen Orten statt – ein Ort sollte reizarm sein, der andere sollte in der Öffentlichkeit liegen.
- Die praktische Prüfung muss nicht mit dem eigenen Hund stattfinden.
- Die Prüfung in öffentlichen Bereichen muss angeleint absolviert werden – im sicheren, reizarmen Umfeld ist dies nicht zwingend notwendig.
- Der Hund sollte gesund sein. Ist er krank oder verletzt, darf er nicht an der Prüfung teilnehmen.
- Hör- und Sichtzeichen dürfen genutzt werden. Korrektes Verhalten darf belohnt werden.
- Bestanden hat man, wenn der Hundehalter entsprechende Kenntnisse nachgewiesen hat und den Hund sicher durch die Prüfung geführt hat.
- Nicht bestanden ist die Prüfung, wenn der Hund unkontrolliert gehalten wird, sich der Prüfling unangemessen verhält und / oder von 11 Aufgaben fünf Aufgaben nicht bestanden wurden.
- Das Ergebnis über die bestandene Prüfung erhält der Prüfling sofort nach der Prüfung.
- Die Kosten der Prüfung liegen beim Prüfling und sind direkt an den Prüfer zu zahlen – auch bei Nichtbestehen der Prüfung.

Die Prüfungsordnung wird anschließend unterschrieben.

Dann beginnen wir die Personalien aufzunehmen - von euch als auch von eurem Hund. Kontrolliert und angefordert werden folgende Daten:

- Name und Anschrift von euch
- Chipnummer des Hundes
- Haftpflichtversicherung
- Name und Anschrift des Hundehalters – sofern die Prüfung nicht mit dem eigenen Hund absolviert wird

Während der Prüfung herrscht meistens eine angenehme Stimmung.

Die Richtigkeit der Angaben wird durch eure Unterschrift bestätigt. Auch zur praktischen Prüfung solltet Ihr einen Personalausweis dabei haben! Und dann kann es auch schon losgehen. Der Prüfer hält nun einen Prüfungsbogen parat, auf dem die Prüfung dokumentiert wird. Nach der Prüfung wird dieser Bogen an die zentrale Stelle eingeschickt und dort gespeichert.

Damit ihr euch einmal vorstellen könnt, wie eine theoretische Prüfung aussehen könnte, haben wir ein paar Beispielfragen zusammengestellt.

Anhang

Beispiel-Prüfungsfragen

Index

Beispiel-Prüfungsfragen

Anforderungen an die Hundehalter unter Berücksichtigung des Tierschutzrechtes:

1. Was ist im Sommer besonders bei hohen Temperaturen zu beachten?

☐ Schönes warmes Wetter sollte zu Tageswanderungen genutzt werden.
☐ Für kurzhaarige Hunde ist nichts zu beachten, langhaarige Hunde sollten im Hochsommer max. 3 Stunden täglich spazieren geführt werden.
☐ Hunde mit kurzem Fell müssen grundsätzlich mit Sonnenmilch eingerieben werden, um Verbrennungen zu vermeiden.
☐ Hunde sollten im Sommer nicht in parkenden Autos zurückgelassen werden.

2. Was ist bei der Fütterung meines Hundes zu beachten?

☐ Empfehlenswert ist der Einsatz von altersgerechten Fertigfuttermitteln.
☐ Der Hund sollte immer aus seinem eigenen Napf gefüttert werden.
☐ Besonders junge Hunde größerer Rassen sollten sich jederzeit satt fressen können.
☐ Hunde sollten überwiegend mit Frischfleisch ernährt werden.

3. Welche Bedürfnisse des Hundes müssen bei tiergerechter Haltung täglich ausreichend erfüllt werden?

☐ Der Hund muss ausreichend, d.h. mehrere Stunden täglich geistig und körperlich gefordert werden.
☐ Der Hund muss jeden Tag mindestens zweimal 2-3 Stunden spazieren gehen.
☐ Der Hund muss täglich mindestens zwei Mahlzeiten erhalten.
☐ Der Hund sollte vorwiegend in einer Zwingeranlage mit gut isoliertem Boden gehalten werden.

4. Sie wollen eine Fahrradtour mit ihrem Hund machen. Welche Maßnahmen empfehlen sich?

☐ Die Leine sollte möglichst lang gelassen werden, damit der Hund einen großen Radius ablaufen kann.
☐ Der Hund sollte spezielle Laufschuhe tragen, damit er sich nicht wund läuft.
☐ Die Hundeleine sollte am Lenker befestigt werden, damit ein schneller Zugriff im Notfall möglich ist.
☐ Der Hund sollte dazu entsprechend trainiert sein und die nötige Kondition haben.

Lösung: 1.d), 2.a), 3.a), 4.d)

Sozialverhalten von Hunden und rassespezifischen Eigenschaften von Hunden:

1. Welche Auswirkung kann häufige und lange Zwingerhaltung auf die Wesensentwicklung eines Welpen haben?

☐ So kann der Hund gut lernen, alleine zu bleiben.
☐ Die Hunde können Defizite im Sozialverhalten gegenüber Menschen und Artgenossen zeigen.
☐ Die Hunde können aggressiv werden und viel bellen.
☐ Auswirkungen auf die Wesensentwicklung sind wissenschaftlich nicht nachgewiesen.

2. Welche Dinge sind vor der Anschaffung eines Hundes wichtig?

☐ Habe ich Kinder? Kinder und Hunde vertragen sich nicht.
☐ Habe ich die Möglichkeit, den Hund in dem ersten Lebensjahr zu behalten und zu versorgen.
☐ Passt der ausgesuchte Hund von seiner Rasseveranlagung tatsächlich zu meinem Lebensstil?
☐ Die Abstammung von hoch prämierten Elterntieren.

3. Sind unsere heutigen Hunde immer noch Jäger?

☐ Ja, rassebedingt in unterschiedlicher Ausprägungen.
☐ Nur, wenn man sie zur Jagd ausgebildet hat.
☐ Nein, Jagdverhalten ist eine krankhafte Verhaltensstörung.
☐ Nein, man konnte das Jagdverhalten durch Zucht völlig eliminieren.

4. Was ist geeignet, um die Sozialverträglichkeit des jungen Hundes zu fördern?

☐ Es sollten ihm schon im Welpenalter viele soziale Reize angeboten werden.
☐ Der Kontakt mit fremden Welpen sollte vermieden werden.
☐ Die Trennung von Mutter und Wurfgeschwistern sollte möglichst früh erfolgen.
☐ Er sollte von erwachsenen Hunden ferngehalten werden, damit er nicht unterdrückt wird.

Lösung: 1.b), 2.c), 3.a), 4.a)

Erkennen und Beurteilen von Gefahrensituationen mit Hunden

1. Warum reagieren viele Hunde an der Leine aggressiver?

- ☐ Hunde an der Leine sind mutiger.
- ☐ Hunde können sich an der Leine nicht frei bewegen und ausweichen und fühlen sich schneller bedroht.
- ☐ Hunde sehen in der Leine ein Rudelmitglied.
- ☐ Hunde ärgern sich darüber, dass sie angeleint sind und übertragen ihre Wut auf den anderen Hund.

2. Was kann dazu führen, dass ein Hund zunehmend Aggression zeigt?

- ☐ Milchprodukte.
- ☐ Unbewusste Bestätigung, wie z.B. das beruhigende Streicheln des an der Leine pöbelnden Hundes durch den Halter.
- ☐ Fütterung von rohem Fleisch.
- ☐ Raufspiele sind häufig die Ursache.

3. Sie gehen mit ihrem Hund unangeleint spazieren und es kommt Ihnen eine Gruppe Kinder entgegen gerannt. Was tun sie?

- ☐ Sie leinen ihren Hund an.
- ☐ Wenn Ihr Hund Kinder nicht beißt, können Sie ihn laufen lassen.
- ☐ Ihr Hund hat einen relativ guten Gehorsam. Sie können ihn laufen lassen.
- ☐ Sie rufen den Kindern zu, dass diese stehen zu bleiben haben, da sonst bei dem Hund ein Jagdverhalten auslösbar wäre.

4. Wie verhalten Sie sich, wenn Ihnen auf dem Hundespaziergang jemand entgegenkommt, der seinen Hund beim Erblicken Ihres Hundes auf den Arm nimmt?

- ☐ Ich nehme meinen Hund auch auf den Arm und geh vorbei.
- ☐ Ich rufe meinen Hund zu mir und leine ihn an. Beim Vorbeigehen an der anderen Person achte ich darauf, dass er weder an ihr schnüffelt noch hochspringt.
- ☐ Ich lasse meinen Hund zu dem Spaziergänger laufen, weil ich weiß, dass mein Hund freundlich ist und nicht springt.
- ☐ Ich lasse meinen Hund laufen und rufe dem anderen Besitzer zu, dass er seinen Hund runterlassen kann, weil meiner nichts tut.

Lösung: 1.b), 2.b), 3.a), 4.b)

Erziehen und Ausbildung von Hunden

1. Wie lange hat man Zeit, um seinen Hund für eine erwünschte Handlung zu loben?

☐ Zwischen 30 Sekunden und 2 Minuten.
☐ Genau 5 Minuten.
☐ Maximal 2 Sekunden.
☐ Die Zeit ist nicht wichtig. Hauptsache man lobt.

2. Welche der folgenden Aussagen trifft auf Prozesse in der Hundeerziehung zu?

☐ Hunde müssen nicht erzogen werden, weil sie die Kommandos bereits beherrschen, wenn sie geboren werden.
☐ Grenzen setzen hilft Hunden ihren Platz in der Familie zu finden und sich richtig verhalten zu können.
☐ Hunde zu bestrafen ist sinnlos, da Hunde instinktiv handeln und ihr Verhalten nicht steuern können.
☐ Emotionen des Halters bei der Hundeerziehung sind überflüssig, da der Hund nur auf Gesten des Menschen reagiert.

3. Aus welchem Grund ist es ratsam, dem Hund so früh wie möglich beizubringen, nicht an Leuten hochzuspringen?

☐ Hunde können durch das Anspringen Menschen erschrecken und/oder verletzen.
☐ Kleine Hunde können durch das Anspringen weder Kleidung zerreißen, noch jemanden erschrecken, daher braucht man den Minis das Anspringen nicht abgewöhnen.
☐ Da es ein Zeichen großer Freude ist und nichts mit Aggressivität zu tun hat, wenn ein Hund springt, muss man dem Hund das Anspringen nicht abgewöhnen. Es ist eine freundliche Geste.
☐ Das ist eine Frage der Fürsorge gegenüber dem Tier, das nur freundlich Kontakt aufnehmen will.

4. Ab welchem Alter sollte man mit dem Welpen Übungen beginnen?

☐ Das Alter ist egal. Wichtig ist, dass der Hund vorher ca. drei Wochen Zeit hatte sich bei seiner neuen Familie einzuleben.
☐ Man kann sofort mit einfachen Übungen anfangen. Wichtig ist, dass er keine Angst hat und nicht zu aufgeregt ist.
☐ Gehorsamstraining sollte man nicht vor sechs Monaten beginnen, denn ein Welpe ist noch unreif.
☐ Die einzige Übung, die man mit einem Welpen machen sollte, ist das Training der Stubenreinheit. Für alles andere ist der Hund noch zu jung.

Lösung: 1.c), 2.b), 3.a), 4.b)

Rechtsvorschriften für den Umgang mit Hunden

1. Gibt es in Deutschland gesetzliche Vorschriften für die Zwingerhaltung bei Hunden?

☐ Ja, in einigen Bundesländern ist die Zwingerhaltung laut Hundehaltung erlaubt, in anderen ist sie verboten.
☐ Nein, besondere Vorschriften für die Zwingerhaltung gibt es nicht.
☐ Ja, diese stehen in der Tierschutzhundeverordnung.
☐ Nein, die Zwingerhaltung ist in Deutschland laut Tierschutzgesetz generell verboten.

2. Wann muss ich meinen Hund beim Spazierengehen an der Leine führen?

☐ Wenn vom Gesetzgeber an diesem Ort bzw. aufgrund besonderer Vorkommnisse Leinenpflicht angeordnet ist.
☐ Das ist überall per Gesetz vorgeschrieben.
☐ Außerhalb der Brut- und Setzzeit kann ich den Hund überall frei laufen lassen, vorausgesetzt, er gehorcht gut.
☐ Niemand kann mich dazu zwingen, meinen Hund anzuleinen.

3. Welche Vorgaben für die Sachkunde der Hundehalter treffen zu?

☐ Die theoretische Sachkundeprüfung muss abgelegt werden, wenn der Hund durch Beißunfälle auffällig geworden ist.
☐ Jeder, der bereits einen Hund hatte, ist sachkundig.
☐ Die theoretische Sachkundeprüfung ist nach Aufnahme der Hundehaltung abzulegen.
☐ Mit einem „gefährlichen" Hund muss die praktische Prüfung erneut abgelegt werden.

4. Darf Ihr Hund auf den Kinderspielplatz?

☐ Ja, aufgrund kommunaler Regelungen aber meistens nur an der Leine.
☐ Ja, wenn der Hund nicht aggressiv ist auch ohne Leine.
☐ Ja, wenn der Hund relativ gut auf Kommandos hört auch ohne Leine.
☐ Nein, aufgrund kommunaler Regelungen ist das in der Regel nicht erlaubt.

Lösung: 1.c), 2.a), 3.d), 4.d)

Quellenangabe der Musterprüfungsfragen

Niedersächsisches Ministerium für Ernährung, Landwirtschaft und Verbraucherschutz (http://www.ml.niedersachsen.de)

Bildnachweise

Bildnachweise:
S. 8: © Ziemer & Falke
S. 10: 8339040 © Depositphotos.com/bgbs
S. 11: © zsr Verlag
S. 11: 4754321 © Depositphotos.com/monkeybusiness
S. 12: 21509747 © Depositphotos.com/lekcej
S. 13: 31589895 © Depositphotos.com/jarih
S. 13: 4100441 © Depositphotos.com/nataiki
S. 14: 5283229 © Depositphotos.com/DepositNovic
S. 15: 11490302 © Depositphotos.com/warrengoldswain
S. 16: 23308776 © Depositphotos.com/bst2012
S. 20: 18778255 © Depositphotos.com/Spaces
S. 20: 15052533 © Depositphotos.com/Lilun_Li
S. 21: © Ildar Sagdejev (http://commons.wikimedia.org/wiki/User:Specious?)
S. 22: 13885408 © Depositphotos.com/willeecole
S. 23: 34171559 © Depositphotos.com/Zuzule
S. 24: 25226289 © Depositphotos.com/kirchbach.st
S. 25: 11990024 © Depositphotos.com/cynoclub
S. 26: 9403144© Depositphotos.com/FotoJagodka
S. 26: 24410995 © Depositphotos.com/dunga
S. 27: 22471099 © Depositphotos.com/eldadcarin
S. 28: © zsr Verlag
S. 28: 26088973 © Depositphotos.com/ilona75
S. 30: 1397752 © Depositphotos.com/yousafbut
S. 30: 32791881 © Depositphotos.com/pudiq
S. 31: 2283368 © Depositphotos.com/ssuaphoto
S. 32: 4780059 © Depositphotos.com/AnkevanWyk
S. 32: 26088973 © Depositphotos.com/ilona75
S. 33: 2855496 © Depositphotos.com/pkirillov
S. 34: 7106220 © Depositphotos.com/markcarper
S. 35: 11656891 © Depositphotos.com/ilona75
S.36: 27970565 © Depositphotos.com/Chalabala
S. 38: 7103095 © Depositphotos.com/beinder
S. 39: 35179097 © Depositphotos.com/outsiderzone
S. 40: 3139346 © Depositphotos.com/piotr_marcinski
S. 42: 5283237 © Depositphotos.com/DepositNovic
S. 44: 20793491 © Depositphotos.com/foun
S. 44: 15889725 © Depositphotos.com/paulion
S. 45: 26861939 © Depositphotos.com/solovyova
S. 46: 13298812 © Depositphotos.com/lunamarina
S. 46: 20797703 © Depositphotos.com/foun
S. 48: 23118034 © Depositphotos.com/Tsomkaigor
S. 49: 2093890 © Depositphotos.com/cynoclub
S. 51: 30441573© Depositphotos.com/fantasticbunny
S. 52: 18764657 © Depositphotos.com/AntonioGravante
S. 54: 6741278 © Depositphotos.com/loriklaszlo
S. 56: 10866990 © Depositphotos.com/lifeonwhite
S. 57: 35061493 © Depositphotos.com/nenovbrothers
S. 58/59/61: © Torben Ziemer
S. 63: 3027115 © Depositphotos.com/art_man
S. 65: 23694753 © Depositphotos.com/marcbruxelle
S. 66: © zsr Verlag
S. 66: 8775363 © Depositphotos.com/cynoclub
S. 67: 29865633 © Depositphotos.com/varsescu
S. 69: 10110418 © Depositphotos.com/brianguest
S. 70: 8804111 © Depositphotos.com/ArenaCreative
S. 72: 5711507 © Depositphotos.com/SimpleFoto
S. 74: 34480359 © Depositphotos.com/pyotr021
S. 74: 13722744 © Depositphotos.com/Byelikova
S. 78: 2746468 © Depositphotos.com/speedo101
S. 79: 34275867 © Depositphotos.com/evdoha
S. 80: 2833139 © Depositphotos.com/jazzeroo
S. 81: 33430281 © Depositphotos.com/genious2000de
S. 82: 12848412 © Depositphotos.com/damedeeso
S. 86: © zsr Verlag
S. 89: 22344451 © Depositphotos.com/Ksuksann
S. 91: 6609585 © Depositphotos.com/phb.cz
S. 91: 1876679 © Depositphotos.com/cynoclub
S. 93-98: © zsr Verlag
S. 99: 1330872 © Depositphotos.com/babenkodenis
S. 99-102/104-109: © zsr Verlag

Index

A

Abruftraining 99, 101, 116
Aggressionen 24, 39, 57, 62, 63, 64, 65, 66, 67, 69
Assoziation 43
Auslastung 20, 21, 68, 69, 70

A

Abruftraining 99
Aggressionen 62
Assoziation 43
Auslastung 20, 69

B

Beißhemmung 31, 36, 37
Belohnung 34, 43, 48, 50, 88

C

Clicker 87

E

Ersthundehalter 15

G

Geschirr 87, 106, 107
Geschlechtsakt 25
Gesundheit 7, 27, 72
Gewalt gegen Hunde 55

H

Habituation 21, 31
Hemmzellen 65
Hundekauf 7, 20, 21
Hundeknigge 88
Hündin 23, 37, 73, 90

I

Impfung 73, 80, 82

J

Jackpot 51, 102
Jagdhunde 15, 20

K

Kommunikation 29, 32, 37, 40, 57, 58
Konditionierung 43, 44, 50
Körpersprache 57
Kosten-Nutzen-Analyse 41

L

Lebensphasen 7, 21, 28
Leinenführigkeit 40, 105

M

Ministerium 10, 15, 16, 18
Mischling 20

P

Parasiten & Würmer 76
Pawlow 44, 45
Physiologische Daten des Hundes 73
Platz 91, 97, 98,
Prüfung 16, 73, 86, 93, 95, 108
Prüfungsordnung 18, 86
Pubertät 37

R

Rasse 20
Rechtsgrundlagen 13
Rechtslage 78, 82
Rüde 23
Rüdin 23

S

Sachkundeprüfung 4, 10, 116
Schleppleine 38, 87, 101
Sinnesorgane 30, 42, 78
Sitz 43, 44, 51, 54, 92, 95, 100
Sozialisation 21, 30
Spielautomateneffekt 50
Strafen 46, 49, 52

Stubenreinheit 33, 115

T

Territoriale Aggressionen 67
Tierarzt 35, 72, 81, 90
Tierheim 26, 35, 89
Tierschutzgesetz 17, 53, 79
Tollwut 74, 82
Trainingshilfen 86

U

Unbewusste Bestätigung 55, 57
Unterwerfung 66

V

Verbotswort „Nein" 103
Verstärker 46, 94

W

Welpenschule 31, 32, 75
Welpenschutz 31
Wühltischwelpen 26
Wurmkur 75

Z

Züchter 20, 25, 29
Zwingerhaltung 79

DOGcoaches.com

Learn from the Pros

DOG TRAINING NEXT LEVEL

LERNE UND VERBESSERE DICH IM TRAINING MIT DEINEM HUND. LERNE VON DEN BESTEN DER WELT.

UNSER TEAM

Die Trainer von DogCoaches.com gehören zu den erfolgreichsten Hundesportprofis der Welt! Mit Silvia Trkman, Philipp Müller-Schnick, Tobias Wüst, Michaela Brandstetter, oder Silas Boogk kannst du dich im Agilitybereich auf DogCochaes.com von mehrfachen Gewinnern der letzten deutschen, europäischen und Weltmeisterschaften coachen lassen. GoGoGo!

ANLEITUNGEN SCHRITT-FÜR-SCHRITT

Unsere Trainer zeigen dir ganz genau, wie sie mit ihren Hund echte Trainigserfolge erzielen konnten. Die Videokurse über das Onlineportal bieten dir Schritt-für-Schritt-Anleitungen zum Erlernen und Verbessern von den Kommandos und Techniken der Hundeprofis. Überzeuge dich davon, wie einfach es sein kann, neue Dinge zu trainieren. Wir freuen uns auf dich!

- Agility Anfänger
- Agility Turnierlevel
- Dogfrisbee
- Obedience
- Basics
- Video-Anleitungen
- Onlinekurse
- Workshops
- Community
- Deutsch & Englisch

www.dogcoaches.com | Facebook.com/DogcoachesGermany | www.dogcoaches.com

Notizen

Notizen